羊病诊治实用手册

YANGBING
ZHENZHI SHIYONG SHOUCE

林 琳　江　斌　吴胜会　林映升
张世忠　江南松　吴小华 ◎ 编著

海峡出版发行集团 | 福建科学技术出版社

图书在版编目（CIP）数据

羊病诊治实用手册/林琳等编著.—福州：福建科学技术出版社，2023.8

ISBN 978-7-5335-7067-5

Ⅰ.①羊… Ⅱ.①林… Ⅲ.①羊病—诊疗—手册 Ⅳ.① S858.26-62

中国国家版本馆 CIP 数据核字（2023）第 124930 号

书　　名	羊病诊治实用手册
编　　著	林琳　江斌　吴胜会　林映升　张世忠　江南松　吴小华
出版发行	福建科学技术出版社
社　　址	福州市东水路 76 号（邮编 350001）
网　　址	www.fjstp.com
经　　销	福建新华发行（集团）有限责任公司
印　　刷	福建省地质印刷厂
开　　本	700 毫米 ×1000 毫米　1/16
印　　张	12
字　　数	211 千字
版　　次	2023 年 8 月第 1 版
印　　次	2023 年 8 月第 1 次印刷
书　　号	ISBN 978-7-5335-7067-5
定　　价	39.80 元

书中如有印装质量问题，可直接向本社调换

前　言

近年来，随着畜牧业结构的调整，我国涌现了许许多多不同饲养规模、多种饲养方式的养羊场。这些养羊场的快速发展及种羊和肉羊的频繁调运，导致我国羊病发生仍较严重。羊病问题是目前制约我国养羊业健康发展的主要问题之一。为使广大养殖户和基层兽医工作者更好地掌握羊病防治知识，我们根据多年从事羊病诊疗经验，结合国内外有关羊病诊疗方面的研究成果，编写成此书。

本书内容分为羊病综合防治技术、羊急性死亡性疾病诊治、羊呼吸道性疾病诊治、羊消化障碍性疾病诊治、羊五官及皮肤性疾病诊治、羊体况消瘦性疾病诊治、羊行为异常性疾病诊治、羊繁殖障碍性疾病诊治、羊其他疾病诊治等9个部分，涵盖85种羊病。每种羊病均以扼要文字介绍其病原（病因）、流行特点、临床症状、病理变化、诊断及防治（防制）措施，对典型症状和病理变化辅以彩图说明。在表述方式上力求通俗易懂，便于读者准确且快速做出诊断，并采取相应措施，有效地治疗羊病。本书引用了李祥瑞主编的《动物寄生虫彩色图谱》一书4幅图片，在此向李祥瑞先生表示衷心感谢。

由于我们水平有限，书中错识和不足之处在所难免，恳请专家及广大读者批评指正。

作者

目 录
CONTENTS

一、羊病综合防治技术 1
（一）羊病预防措施 1
（二）羊病常用诊断方法 9
（三）羊病治疗技术 16

二、羊急性死亡性疾病诊治 20
（一）羊链球菌病 20
（二）羊巴氏杆菌病 22
（三）羊炭疽 23
（四）羊梭菌性疾病 25
（五）羊瘤胃臌气 33
（六）羊有机磷农药中毒 34
（七）羊除草剂中毒 36
（八）羊亚硝酸盐中毒 37
（九）羊尿素中毒 39
（十）羊氢氰酸中毒 40

三、羊呼吸道性疾病诊治 42
（一）羊传染性胸膜肺炎 42
（二）羊支原体肺炎 44
（三）羊鼻内腺瘤 46
（四）羊肺线虫病 48
（五）羊感冒 50

四、羊消化障碍性疾病诊治 52
（一）羊小反刍兽疫 52
（二）羔羊大肠杆菌病 56

（三）羊沙门菌病 ... 58
（四）羊片形吸虫病 ... 60
（五）羊列叶吸虫病 ... 64
（六）羊捻转血矛线虫病 ... 66
（七）羊毛圆线虫病 ... 69
（八）羊食道口线虫病 ... 71
（九）羊鞭虫病 ... 73
（十）羊绦虫病 ... 75
（十一）羊球虫病 ... 78
（十二）羊隐孢子虫病 ... 80
（十三）羊口炎 ... 82
（十四）羊食道阻塞 ... 83
（十五）羊前胃弛缓 ... 84
（十六）羊瘤胃积食 ... 86
（十七）羊瓣胃阻塞 ... 87
（十八）羊胃肠炎 ... 88
（十九）羊瘤胃酸中毒 ... 89

五、羊五官及皮肤性疾病诊治 ... 91
（一）羊痘 ... 91
（二）羊传染性脓疱 ... 93
（三）羊伪结核棒状杆菌病 ... 96
（四）羊传染性角膜炎 ... 98
（五）羊葡萄球菌病 ... 100
（六）羊结核病 ... 101
（七）羊坏死杆菌病 ... 102
（八）羊疥螨病 ... 104
（九）羊痒螨病 ... 106
（十）山羊蠕形螨病 ... 108
（十一）羊硬蜱病 ... 109
（十二）羊虱病 ... 112
（十三）羊虻病 ... 114

（十四）羊蚤病 115
（十五）羊创伤 117
（十六）羊伤口蛆病 118
（十七）羊脱肛 119
（十八）羊脐疝 120
（十九）羊皮肤瘤 121

六、羊体况消瘦性疾病诊治 123

（一）羊阔盘吸虫病 123
（二）羊双腔吸虫病 126
（三）羊同盘吸虫病 127
（四）羊腹袋吸虫病 130
（五）羊野牛平腹吸虫病 132
（六）羊细颈囊尾蚴病 134
（七）羊棘球蚴病 135
（八）羊住肉孢子虫病 137
（九）羊佝偻病 138
（十）羊维生素 A 缺乏症 139

七、羊行为异常性疾病诊治 141

（一）羊口蹄疫 141
（二）羊破伤风 143
（三）羊李氏杆菌病 144
（四）羊脑多头蚴病 146
（五）羊狂蝇蛆病 148
（六）羔羊白肌病 150
（七）羊异嗜癖 151
（八）羊腐蹄病 152

八、羊繁殖障碍性疾病诊治 155

（一）羊布氏杆菌病 155
（二）羊衣原体病 156
（三）羊钩端螺旋体病 158
（四）羊弓形虫病 160

（五）母羊流产 162

（六）母羊胎衣不下 163

（七）母羊乳房炎 164

（八）母羊子宫内膜炎 166

（九）母羊难产 167

（十）母羊生产瘫痪 169

九、羊其他疾病诊治 171

（一）羊巴贝斯虫病 171

（二）羊泰勒虫病 173

（三）羊附红细胞体病 174

（四）羊蕨类中毒 176

附录 178

参考文献 183

一、羊病综合防治技术

（一）羊病预防措施

羊病防治要遵循"预防为主，治疗为辅"的方针，平时要加强日常管理，做好环境卫生和消毒、羊群的检疫与隔离饲养、羊群的疫苗免疫以及羊群定期驱虫工作。

1. 加强日常管理

（1）规范饲养管理

根据羊场性质特点，做好羊舍的建设，规范饲养管理措施，坚持自繁自养，构筑良好的生物安全环境。如果确需从外单位引种，应避免到疫区购买，购入后需隔离饲养20天以上，确认无病且经加强免疫后方可与原来羊群混饲。目前，羊饲养模式有舍饲（图1-1）、半舍饲（图1-2）、放牧饲养（图1-3）三种模式。

图1-1　舍饲

图 1-2 半舍饲

图 1-3 放牧

（2）合理放牧

牧草是羊食物主要来源，放牧目前是多数羊群采食获取营养的主要方式。因此，放牧组织方式与羊的生长发育和生产性能有着十分密切的联系。应根据农区、牧区草场的不同特点，以及羊的品种、年龄、性别的差异，分别放牧。为合理利用草场、减少牧草浪费和羊群感染寄生虫的机会，应实行划区轮牧制度。

（3）适时补饲

当冬季草枯、牧草营养下降或放牧采食量不足时，必须补饲，特别对幼龄羊、怀孕和哺乳期的母羊予以合理的补饲尤为重要。种公羊在配种期间也需要进行适当补饲。

（4）安排好各种生产环节

羊的主要生产环节有配种、产羔和育羔、育肥等，应安排好每一环节，并按相应操作规程进行。

2. 做好卫生与消毒

为了净化羊舍及其周边环境、减少病原微生物和寄生虫虫卵的滋生、传播，应及时清除羊舍内的粪便和排泄物，并予以堆积发酵；定期消毒羊舍内的场所和用具，并保持羊舍清洁和干燥；定期消灭羊舍及周边场所的蚊蝇、蜱、虱、老鼠等；对羊的饮用水要依水质情况采取适宜的消毒处理方式。

（1）消毒剂的选择和应用

市面上销售的消毒剂名目繁多，可分为如下几类：第1类是酚类消毒药（如甲酚、复合酚）；第2类是醛类消毒药（如甲醛、戊二醛）；第3类是碱类消毒药（如氢氧化钠、氧化钙）；第4类是卤素类消毒药（如含氯石灰、碘酊、次氯酸钠、二氯异氰脲酸钠）；第5类为表面活性类消毒药（如苯扎溴铵、癸甲溴铵、聚维酮碘）；第6类为其他类消毒药（如过氧乙酸、过氧化氢、甲紫、高锰酸钾）。不同的消毒药功能、使用方法有所不同，生产实践中要选择适宜的消毒剂，并采用正确的方法。

（2）羊舍的消毒

羊舍是羊群日常居留的场所，极易受粪便和尿的污染，也极易传播多种疾病。平时预防性的消毒，春秋两季各做1次。每次消毒之前需要将羊舍内的粪尿清理干净，然后使用消毒药（常用为酚制剂或醛制剂）喷洒，要求要喷湿为止（每平方米要1升稀释后的消毒水）。消毒时先喷洒地面，然后再喷洒墙壁和天花板，最后再打开门窗通风，并用清水清洗饲槽、水槽，除去羊舍内异味。羊舍附近的运动场及有关用具也要一并消毒。羊群有传染病时或周边地区有传染病时，要增加羊舍的消毒次数和密度，必要时也可选择醛类消毒剂或癸甲溴铵溶液等消毒药进行带羊消毒。

(3) 粪便的处理

羊粪及其他排泄物的处理目前有三种方法：第1是焚烧法。该方法被认为是消灭病原微生物的最好、最有效的方法，但存在一些缺点，如造成环境污染、操作费时费力等。该方法多用于出现烈性传染病时使用。第2是掩埋法。将粪便和其他排泄物与氧化钙或含氯石灰混合后深埋于2米深的地下，此方法也存在费时费力的缺点。第3是生物发酵法。该方法是将粪便及其他排泄物堆积成堆后，外面用泥土或塑料薄膜封盖密封1个月左右。粪便通过自身的生物发酵升温至70℃以上，由此起到消毒、灭菌和消灭虫卵作用。该方法操作简便，是羊场最常见的一种粪便处理法，也是农村农民收集高效有机肥料的主要途径之一。

(4) 羊场灭鼠蚊蝇蜱

羊场内的老鼠、蚊子、苍蝇等不仅骚扰羊群正常活动，同时还是许多传染病和寄生虫病的传播媒介。防鼠和灭鼠，首先要做好羊舍内抛洒和剩余饲料的清理工作，此外可使用一些低毒的老鼠药（如抗血凝类老鼠药），也可使用捕鼠夹、捕鼠笼等来诱杀。灭蚊蝇工作要从治理羊舍周围环境卫生入手，平整坑洼地面、排出积水、铲除杂草，并随时清理羊场内外的羊粪便和其他污物，破坏蚊蝇蜱的繁育环境；其次可定期使用一些低毒农药（如菊酯类农药、敌百虫、辛硫磷等）喷洒羊舍及周围环境，以杀灭蚊蝇蜱的成虫和幼虫。

3. 羊群的检疫检验与隔离饲养

原则上羊群以自繁自养为宜，若确实需要从外地引进种羊，需要了解供种羊单位或地区的羊病流行情况。只能从无疫病流行地区购种羊，同时种羊场必须有当地动物检疫部门出具的产地检疫证明。种羊引进后应隔离饲养2周以上，在隔离期间要派专人饲养管理，每天测量羊只体温，观察羊群采食、运动等状况。必要时还需要抽血进行有关疫病化验。在隔离期间还需要用广谱驱虫药驱除羊的体内外寄生虫，并按羊场的免疫程序安排必要的疫苗接种。经过2周以上的隔离饲养后，确认无问题的羊才可以与羊群混养。对调出羊只也需经过羊场兽医及有关兽医部门检查，检疫无疫病后方可出场。

4. 规范疫苗免疫

(1) 羊的疫苗种类

羊的疫苗种类较多，常见疫苗使用方法见表1-1。其中，常用的疫苗有羊快疫、猝狙、羔羊痢疾、肠毒血症三联四防灭活疫苗，羊快疫、猝狙、肠毒血症三联灭活疫苗，山羊痘活疫苗，绵羊痘活疫苗，羊小反刍兽疫活疫苗，山羊传染性胸膜肺炎灭活疫苗，山羊支原体肺炎灭活疫苗，羊口蹄疫O型、A二价灭活疫苗等。

表1-1 羊常见疫苗使用方法

疫（菌）苗名称	预防的疾病	使用方法及用量	免疫期
布氏菌病活疫苗（S2株）	绵羊、山羊布氏杆菌病	内服接种，每只羊4头份。亦可皮下或肌内注射，其中山羊每只1头份，绵羊每只2头份	36个月
布氏菌病活疫苗（M5株或M5-90株）	绵羊、山羊、牛的布氏杆菌病	用适量灭菌蒸馏水稀释所需的用量，皮下注射、滴鼻或内服接种。每只羊皮下注射1头份、滴鼻1头份或内服25头份	36个月
羊快疫、猝狙、肠毒血症三联灭活疫苗	羊快疫、羊猝狙、羊肠毒血症	肌内或皮下注射，不论羊大小，每只5毫升	6个月
羊快疫、猝狙、羔羊痢疾、肠毒血症三联四防灭活疫苗	羊快疫、羊猝狙、羊肠毒血症、羔羊痢疾	不论羊大小，肌内注射或皮下注射5毫升	6个月
羊黑疫、快疫二联灭活疫苗	羊黑疫、羊快疫	不论羊大小，皮下或肌内注射5毫升	12个月
羊大肠杆菌病灭活疫苗	羔羊大肠杆菌病	3月龄以下的羔羊皮下注射0.5~1毫升，3月龄或3月龄以上羊皮下注射2毫升	5个月
肉毒梭菌（C型）中毒症灭活疫苗	羊C型肉毒梭菌中毒症	绵羊、山羊每只皮下注射4毫升	12个月
山羊传染性胸膜肺炎灭活疫苗	山羊传染性胸膜肺炎	皮下或肌内注射。6月龄以下羔羊每只3毫升，6月龄或6月龄以上山羊每只5毫升	12个月
山羊支原体肺炎灭活疫苗	绵羊、山羊支原体肺炎	颈侧皮下注射，6月龄以下羔羊每只3毫升，6月龄或6月龄以上羊每只5毫升	10个月

续表

疫（菌）苗名称	预防的疾病	使用方法及用量	免疫期
羊衣原体病灭活疫苗	山羊或绵羊衣原体病	每只皮下注射3毫升	绵羊24个月，山羊7个月
绵羊痘活疫苗	绵羊痘	尾内侧或股内侧皮内注射，每只0.5毫升	12个月
山羊痘活疫苗	绵羊、山羊痘	尾内侧或股内侧皮内注射，每只0.5毫升	12个月
羊小反刍兽疫活疫苗	小反刍兽疫	用氯化钠生理盐水稀释，皮下或肌内注射，每头份1毫升	36个月
小反刍兽疫、山羊痘二联活疫苗	山羊痘、小反刍兽疫	尾内侧皮内注射，每只0.5毫升	12个月
羊败血性链球菌病活疫苗	绵羊、山羊败血性链球菌病	用氯化钠生理盐水稀释，6月龄或6月龄以上羊每只尾部皮下注射1毫升	12个月
羊败血性链球菌病灭活疫苗	绵羊、山羊败血性链球菌病	皮下注射，不论大小，每只羊接种5毫升	6个月
口蹄疫O型、A型二价灭活疫苗	绵羊、山羊的O型和A型口蹄疫	每年4月份、10月份分别注射1次，每只羊肌内注射2毫升	6个月

（2）羊疫苗免疫程序

在不同的地区、不同羊品种、不同日龄羊的免疫方法和免疫程序也不尽相同。其中，几种危害较大的疾病，其疫苗一定要接种，如山羊痘活疫苗，绵羊痘活疫苗，小反刍兽疫活疫苗，羊口蹄疫O型、A型二价灭活疫苗（每年4月、10月分别注射1次，每次2~3毫升），山羊支原体肺炎灭活疫苗。此外，根据本地区或者本羊场常发的疾病，适当增加免疫相应疾病的疫苗，如：某些羊场的梭菌性疾病比较严重，那么要增加羊快疫、猝狙、羔羊痢疾、肠毒血症三联四防灭活疫苗的免疫；某些羊场链球菌病比较严重，则要增加羊败血性链球菌病灭活疫苗的免疫。

（3）疫苗接种注意事项

①在使用疫苗之前要认真察看疫苗标签。注意是否国家正规厂家生产的正规产品，是否在使用有效期以内，外包装是否完整，疫苗瓶内的性状是否改变等。如羊口蹄疫O型、A二价灭活疫苗为均匀的白色乳状液体，若出现上下分层，则不宜使用。

②免疫羊群要健康正常。健康的羊只注射疫苗后才能产生良好的免疫应答作用。若羊群不健康或处于亚健康状态，不宜注射疫苗（紧急免疫除外），否则不但不能产生应有的免疫保护作用，而且会产生严重的毒副作用，如怀孕母羊流产、羊只不吃食，严重时还可导致发病死亡。

③做好羊群免疫接种记录。内容包括疫苗名称、厂家、购买地点、批号、有效期、接种剂量、接种方法、接种日期、接种操作人员等。同时对已接种和未接种的羊只也要加以注明。记录完整对评价疫苗质量和发生副作用时追溯有重要的现实意义，对科学安排免疫程序也有重要意义。

④注射疫苗后要注意用药问题。有些疫苗（如山羊痘活疫苗）在免疫后几天要禁止使用抗病毒药物（如利巴韦林、金刚烷胺及一些抗病毒中药等），有些疫苗（如羊败血性链球菌病活疫苗）在免疫后几天要禁止使用抗生素药物，否则会影响和干扰疫苗的免疫效果。此外，某些药物（如磺胺类药物、氟苯尼考、磷酸地塞米松等）对疫苗也有一定的免疫抑制作用。某些药物（如电解多维）对缓解免疫应激有帮助，可以添加。

⑤注意应激反应。注射疫苗均有不同程度的应激反应，需要免疫2种疫苗时必须间隔7天以上。对怀孕母羊免疫时动作要轻，对应激反应较大的疫苗要同时肌内注射黄体酮注射液（安胎针）或安排在空怀时期免疫。对于个别羊只在注射疫苗后出现的过敏反应要及时使用肾上腺素皮质激素或磷酸地塞米松进行解救。

5. 定期驱虫

羊群的药物预防主要针对羊体内外寄生虫病的预防性驱虫措施，具体包括内服驱虫、肌内注射驱虫、体外药浴或外喷驱虫等几种方法。由于不同地区、不同品种及不同日龄羊的寄生虫感染谱和感染强度有所不同，所采取的驱虫药物种类、剂量、次数也有所不同。如在南方，经常在河边、溪边或田间吃水草的羊易感染片形吸虫病，每间隔2个月要驱1次虫，所选的药物以三氯苯达唑、硝氯酚、阿苯达唑、硫双二氯酚等为主；在山区丘陵地带放牧的羊易感染捻转血矛线虫等线虫，因此每间隔2个月也要驱1次虫，药物以阿苯达唑、芬苯达唑、左旋咪唑等为主；4~12月龄小羊易感染绦虫，因此需定期使用氯硝柳胺等驱虫；

蜱、虱、蝇以及疥螨、痒螨等体外寄生虫感染较严重的羊群，每年要定期使用溴氰菊酯、氰戊菊酯、辛硫磷、敌百虫等药物进行药浴或喷淋，或使用伊维菌素注射液进行皮下或肌内注射。

（1）羊群寄生虫感染情况的调查

驱虫之前，了解本地区或本羊场的主要寄生虫有哪些、感染程度如何，这十分重要。对羊粪便进行虫卵检查，确定主要寄生虫的种类，计算出每千克粪便中主要吸虫、线虫、绦虫虫卵的数量。一般来说，每克粪便中线虫虫卵达2000个时就必须驱虫；每克粪便中吸虫虫卵达100个时就必须驱虫；粪便中检出绦虫虫卵或绦虫孕节片时就必须驱虫。

（2）驱虫药物的选择

选择药物的原则是高效、低毒、广谱、价廉、方便。不同的寄生虫所选择的药物有所不同：对吸虫病来说，要选择硝氯酚、三氯苯达唑、硫双二氯酚、吡喹酮、阿苯达唑等；对线虫病来说，要选择左旋咪唑、阿苯达唑、芬苯达唑、甲苯达唑、伊维菌素等；对绦虫病来说，要选择氯硝柳胺、吡喹铜、阿苯达唑、芬苯达唑等；对羊血液原虫病（如巴贝斯虫病）要选择三氮脒、吖啶黄、硫酸喹啉脲、盐酸多西环素等；对体外寄生虫来说，要选择伊维菌素、阿维菌素、双甲脒、辛硫磷、溴氰菊酯、敌百虫等。

（3）选择正确的投药途径

羊驱虫给药的途径有多种，其中常见的有内服、肌内注射、体外药浴或外喷等方法。不同的药物投药的途径有所不同，如：左旋咪唑可饮水内服或拌料内服；阿苯达唑不溶于水，只能拌料内服或配成混悬液灌服；敌百虫内服时使用剂量为每千克体重0.1克，而体外驱虫时用量要配成2%浓度进行药浴或外喷；阿维菌素和伊维菌素可内服或皮下注射，剂量均为每千克体重0.2~0.3毫克，但作用有所不同，皮下注射对外寄生虫驱虫效果好，内服对线虫效果好。

（4）驱虫注意事项

①对驱虫后排出的粪便和虫体要集中堆放，并采取生物发酵消毒法处理，防止虫体和虫卵进一步污染环境。

②对怀孕母羊和羔羊的驱虫要慎重，必须选择低毒、无刺激性的驱虫药。

③有条件的羊场驱虫后10~20天要对羊粪便再次进行虫卵检查，要求虫卵减少率要达到95%以上。若虫卵减少率小于70%，则要考虑更换驱虫药种类或药剂生产厂家。

④使用驱虫药后出现一些不良副作用时要采取一些相应的处理措施。如出现流涎、肌肉颤抖时，可肌内注射硫酸阿托品进行解救；对怀孕母羊，为了防止不

良反应,可肌内注射黄体酮注射液;对个别软脚倒地的羊只,可静脉注射10%葡萄糖200毫升及肌内注射维生素B_{12}注射液等。

(二)羊病常用诊断方法

1. 羊病临床诊断

羊病的常见临床诊断方法有问诊、视诊、触诊、叩诊、听诊、嗅诊及解剖诊断等。每种诊断方法在临床上并非单独采用,而是有机地结合采用。

(1)问诊

在检查病羊时,向养殖户询问羊群有关情况。具体包括羊群是自繁自养还是异地调回,发病的时间、发病的数量、死亡的数量,主要临床表现,有无既往病史,近来周边地区有无流行羊传染病,饲养管理情况,最近有无用过药物处理,羊群做过哪些疫病的疫苗免疫接种,是否进行过体内外驱虫,等等。问诊对疾病的临床诊断至关重要,要尽量详细,并做好详细记录。

(2)视诊

通过肉眼观察可以了解病羊的全身状况或局部状态,具体包括用肉眼观察的直接视诊和借助器械(如内窥镜、开口器、胃镜等)的间接视诊两类。临床工作中以直接视诊较直观常用。直接视诊内容包括羊的整体状况、运动状况、被毛状况、生理体腔、生理功能等。

①整体状况观察,主要观察精神状态和营养状态。

精神状态的观察:健康羊精神饱满、眼睛明亮、耳朵灵活、行动敏捷,对周围环境敏感,有人走近时立即远避,不容易被捕捉。病羊精神沉郁或兴奋不安、目光呆滞,喜欢躺卧、垂头,对周围坏境刺激反应迟钝。若病羊表现狂躁不安、前冲后撞、不听呼唤、狂奔乱跑,则多为脑炎或中毒性疾病。

营养状况的观察:健康羊营养状态良好,膘情适中。病羊则表现为消瘦、腹围增大。一般患有急性疾病(如羊瘤胃臌气、炭疽、羊快疫、羊黑疫、羊猝疽等)的病羊体况较肥壮;一般患有慢性疾病(如寄生虫病等),病羊体况多瘦弱。

②运动状况观察,主要包括站立姿势和运动姿势观察。健康羊站立姿势自然,行动活泼平稳,步态灵活而协调。如羊的四肢肌肉、关节或蹄部患病,则表现为跛行。有些疾病还呈现特殊姿势,如患有破伤风的羊表现为四肢僵直;患有脑多头蚴病或羊狂蝇蛆病的羊表现转圈运动。

③被毛状况观察。健康羊的被毛平整而不易脱落,富有光泽;病羊的被毛则

粗乱蓬松，失去光泽，容易脱落。患疥螨病的羊，被毛脱落，皮肤变厚，出现蹭痒现象，表皮常有擦伤。在检查皮肤时除注意皮肤的外观，还要注意有无水肿、炎性肿胀和外伤。感染某些寄生虫病时，在下颌、胸前等部位皮肤常出现皮下水肿。

④生理体腔观察。健康羊可视黏膜、眼结膜、鼻腔、口腔、阴道、肛门等黏膜呈粉红色，湿润光滑。病羊则有下列几种情况：黏膜苍白色，多是患贫血病；黏膜发红，多是由热性病所致；黏膜发红并带有红点、血丝或呈紫色，多是由严重的中毒、呼吸困难性疾病或某些传染病引起；黏膜为黄色，多是中毒性疾病或羊巴贝斯虫病或羊片形吸虫病或羊阔盘吸虫病所致；黏膜为蓝色，多患肺病或心脏病。

羊粪便观察，主要检查形状、硬度、色泽及附着物等。健康羊粪便呈小球形，没有难闻臭味。粪便过干，多为缺水和肠蠕动弛缓或热性病；过稀，多为肠机能亢进，可能是消化不良或某些传染病或寄生虫病所致；粪便中混有过多黏液，表示肠黏膜有卡他性炎症。此外，还要认真检查粪便是否含有寄生虫或绦虫孕节片。正常羊每天排尿3~4次，排尿次数和尿量过多或过少，以及排尿痛苦、失禁，表示泌尿系统出现疾病。

此外还要注意观察羊的天然孔及其分泌物等是否正常。

⑤生理功能观察，主要有以下项目。

采食饮水：若羊只采食、饮水减少或停止，要看羊只的口腔黏膜有无异物、溃疡，舌头有无溃烂斑等。热性病初期常表现出饮欲增加。

咀嚼吞咽：病羊出现咀嚼吞咽障碍，多见口腔、食道、舌头等出现问题。

反刍嗳气：健康羊通常鼻镜湿润，饲喂后半小时开始反刍，持续30~40分钟，每一食团嚼50~70次，每昼夜反刍6~8次。若鼻镜干燥、反刍减少或停止，多是高热或严重的前胃及皱胃疾病或肠道炎症所致。

呼吸：正常羊每分钟呼吸12~20次。呼吸次数增多，常见于急性、热性病，呼吸系统疾病，以及贫血及腹压升高等；呼吸次数减少，主要见于某些中毒、代谢障碍等疾病。

（3）触诊

①触诊方法。用手感触被检查的部位，并用力压，以便确定被检查的局部或各器官组织是否正常。

②触诊，主要有以下项目。

皮肤检查：主要检查皮肤的弹性、温度、有无肿胀和伤口等。羊的营养状态不好，皮肤弹性消失；山羊痘的病羊，皮肤上可触及小痘疹。

体温：用手触摸羊耳朵或将手伸进羊嘴里握住舌头，检查有无发烧。若体温升高，多见于传染病；若体温下降，则多见于营养代谢病或重症疾病的中后期。

脉搏：注意每分钟脉搏跳动的次数和强弱等。羊的脉搏检查部位为后肢股内侧动脉，健康羊脉搏为70~80次/分钟。脉搏增快，表明热性疾病或贫血；脉搏变慢，表明重病的中后期。

体表淋巴结：主要检查颌下、肩前、膝下和乳房上淋巴结。羊发生结核病、伪结核棒状杆菌病、链球菌病时，体表淋巴结往往肿大。

（4）叩诊

叩诊是根据叩打羊只体表所产生声音的性质，来判断被检组织器官的状态。

羊叩诊的方法是左手食指或中指平放在检查部位，右手中指由第二指节弯曲成直角，然后敲打左手食指或中指第二指节。

叩诊的声音有清音、浊音、半浊音、鼓音。清音为叩诊健康羊胸廓所发出的持续、高而清的声音。浊音为健康状态下叩诊臀部及肩部肌肉时发出的声音。当羊的胸腔积聚大量渗出液时，叩打胸壁会出现水平浊音。半浊音为介于浊音和清音的一种声音。羊患支气管肺炎时，肺泡含气量减少，叩诊呈半浊音。鼓音为叩打健康羊左侧瘤胃区时发出的声音。若瘤胃臌气，则鼓音增强。

（5）听诊

利用听诊器来判断羊体内的声音是否正常。最常用的听诊部位是胸部（心脏、肺脏）和腹部（胃、肠）。听诊的方法分直接听诊和间接听诊两种。听诊需要在安静的地方进行，免受外界杂音的干扰。

①心脏听诊。在心脏部可听到有节律的"嗵""嗒"交替出现的音响。"嗵"音为第一心音，即心脏收缩时产生的声音，特点是低、钝，间隔时间短；"嗒"音为第二心音，即心脏舒张时产生的声音，特点是高、锐，间隔时间长。第一心音和第二心音增强，见于热性病的初期；第一心音和第二心音减弱，见于心脏机能障碍的后期或渗出性胸膜炎、心包炎；第一心音增强，并伴有明显的心搏动增强和第二心音减弱，主要见于心脏衰弱的后期；第二心音增强，见于肺气肿、肺水肿、肾炎等病症；如在正常心音外听到其他杂音，多见于心脏瓣膜疾病、创伤性心包炎、胸膜炎等。

②肺脏听诊，主要有以下项目。

肺泡呼吸音：健康羊吸气和呼气时，从肺部可听到轻重不同的"呼"的声音，称为肺泡呼吸音。肺泡呼吸音过强，多见于支气管炎；肺泡呼吸音过弱，多见于肺泡肿胀、肺泡气肿、渗出性胸膜炎等。

支气管呼吸音：空气通过喉头狭窄部所发生的声音，类似"赫"的声音。如果在肺部听到该声音，多为肺炎的肝变期，见于羊的传染性胸膜肺炎等。

啰音：伴随呼吸而出现的附加音响，是一种重要的病理特征。按其渗出物性质分为干啰音和湿啰音。干啰音甚为复杂，有咝咝声、笛声、口哨声及猫叫声等，多见于慢性支气管炎、慢性肺气肿、肺结核等。湿啰音似含漱音、沸腾音或水泡破裂音，多见于肺水肿、肺脏充血、肺脏出血、慢性肺炎等。

捻发音：多见于慢性肺炎、肺气肿等。

摩擦音：包括胸膜摩擦音和心包摩擦音两种。胸膜摩擦音是由于肺脏与胸膜之间摩擦所致，多见于纤维素性胸膜炎、肺结核等；心包摩擦音，多见于纤维素性心包炎。

③腹部听诊。主要听腹部胃肠蠕动的声音。健康羊于左腹部可听到瘤胃蠕动音，呈逐渐增强又逐渐减弱的沙沙声，每两分钟可听到3~6次。羊患前胃弛缓或热性疾病时，瘤胃蠕动音减弱或消失。羊的肠音类似流水声或漱口声，正常时较弱。肠炎初期，表现肠音亢进；便秘时，肠音消失。

（6）嗅诊

兽医人员用鼻子来嗅闻羊的排泄物味道、分泌物味道、呼出气体味道、口腔内异味，以及瘤胃内容物异味等。羊患酮病时，呼出的气体及尿、乳中均有明显的烂苹果味；患尿毒症时，呼出的气体带尿味；患胃肠炎时，粪便有腥臭味或酸臭味；有机磷农药中毒时，呼出气体及瘤胃内容物有大蒜味等。

（7）羊系统解剖检查

羊的解剖检查要对羊体内的各系统进行全面检查，尽可能不遗漏任何一个病变组织。具体包括被毛系统、五官、呼吸系统、消化系统、循环系统、泌尿生殖系统等。

①被毛系统检查，看皮肤上的被毛是否完整。若不完整、易脱落，要考虑羊疥螨或痒螨或蠕形螨。看被毛有无光泽。若被毛粗乱且干黄，那么要考虑羊营养缺乏或体内可能存在寄生虫或被毛上可能存在蜱、虱等体外寄生虫。皮肤上长小疙瘩，要考虑长山羊痘或绵羊痘；皮肤上长小脓包，要考虑羊伪结核棒状杆菌病或化脓创；皮肤上长瘤状物，多为良性皮肤瘤。此外，还要检查皮肤上的体表淋巴结，看有无肿胀、结核、化脓等病变。

②五官检查，包括耳、眼、口腔、鼻孔、头部检查。耳朵检查，要认真看看有无蜱类寄生或痘状增生等。若耳朵皮肤出现脱毛或颗粒样变粗，要考虑羊疥螨病。眼睛检查，要看看眼结膜和眼球两部分。正常的羊结膜为淡红色。眼结膜苍白，为贫血标志，可见于各种出血性疾病和慢性消耗性疾病（如体内外寄生虫）；眼结膜黄疸，见于溶血性疾病或肝脏疾病；眼结膜发红，见于局部炎症或热性疾病；结膜发绀，多见于中毒疾病或循环系统疾病；眼球变白，多见于羊传染性角膜炎

或衣原体病；眼角脓性分泌物增多，除了眼睛局部炎症外，与羊的上呼吸道炎症及羊传染性胸膜肺炎、山羊支原体肺炎也有关。口腔检查，要看看口腔黏膜、牙龈、舌头情况。若口腔黏膜有溃疡或溃烂斑，要考虑口蹄疫、口炎或小反刍兽疫；嘴角或嘴唇有炎症、化脓并有肉芽增生，要考虑羊传染性脓疱；羊舌头上长疙瘩要考虑山羊痘；舌头黏膜溃烂，要考虑羊口蹄疫或小反刍兽疫。鼻孔检查，要看看鼻孔周围有无分泌物流出。流出脓性分泌物，多见于传染性胸膜肺炎或严重的肺炎；流出卡他性分泌物，多见于羊普通感冒或鼻炎或山羊鼻内腺瘤。鼻腔检查，还要看看有无寄生虫存在，如是否病羊鼻蝇蛆病。头部检查，除了检查头部皮肤外，还要检查颅内是否有脑多头蚴病。

③呼吸系统检查，主要检查羊的上呼吸道和肺部。羊上呼吸道和肺部患有化脓性或腐败性炎症时，呼出的气体有难闻的腐败气味；患有酮血症时，呼出的气体有烂苹果味。上呼吸道有脓性分泌物或卡他性分泌物，要考虑病羊有无感冒、支气管肺炎、传染性胸膜肺炎及山羊鼻内腺瘤等疾病。肺脏出现肉样病变，要考虑羊传染性胸膜肺炎或支原体肺炎；肺脏肿大、水肿并呈紫红色，并有小出血点，或出现不同程度的肉样病变、肺脏与胸膜粘连病变，肺脏表面有干酪样渗出物，要考虑羊巴氏杆菌病或异物性肺炎；肺脏膨胀和气肿，表面隆起呈灰白色，触诊有些硬感，切开支气管时可见白色丝状虫体，那么要考虑羊肺线虫病；肺脏表面有出血点，要考虑羊中毒、链球菌病等疾病。

④消化系统检查。口腔检查，看看有无损伤或水疱、疱疹、溃烂等情况。若有，则要怀疑羊口炎、口蹄疫、羊痘、传染性脓疱、小反刍兽疫等疾病。咽部检查，要注意有无肿大发炎。若有，则要考虑咽炎、结核病等。食道管内检查，看看有无块状食物（如地瓜等）阻塞。瘤胃检查要仔细观察如下几个方面：瘤胃黏膜脱落情况，如容易脱落，那么要考虑农药中毒或死亡时间较长；瘤胃黏膜上有无寄生虫附着，瘤胃内有无塑料袋等异物阻塞，内容物有无大蒜味或农药味。网胃检查，看看有无铁钉、铁线等异物。瓣胃检查，看看是否变硬，内容物是否变干。若有，就要考虑瓣胃阻塞。皱胃检查，看看内容物有无粉红色丝状虫体（捻转血矛线虫）或胃壁有无炎症、出血、水肿、溃疡灶（羔羊痢疾）及痘状结节（山羊痘）。若皱胃壁大面积出血斑，要考虑羊快疫或小反刍兽疫。肝脏检查，看看有无出血点（有无中毒、败血症）、肝脏硬化、表面凹凸不平（有无片形吸虫病）、肝脏黄染（有无中毒、钩状螺旋体病）、胆囊肿大（有无传染病或双腔吸虫病）、胆囊内有无寄生虫寄生。肠道检查，看看有无器质性变化。肠管病变较多，若肠道肿大、肠内容物较稀，则要考虑羊胃肠炎、梭菌性疾病、大肠杆菌病、沙门菌病、列叶吸虫病、球虫病。注意小肠和大肠内容物有无羊常见的肠道线虫（如食道口

线虫、羊鞭虫、羊仰口线虫）、绦虫（如羊莫尼茨绦虫、曲子宫绦虫）、球虫等。此外，还要认真看看肠道有无肠扭转或肠套叠、肠臌气、肠壁坏死等内科普通病。

⑤羊循环系统疾病检查。首先要看看羊的血液是否稀薄（有无寄生虫病、缺乏营养），有无溶血性疾病（如羊蕨类中毒、附红细胞体病、巴贝斯虫病等）。此外，看看羊的心脏有无肿大，以及心肌有无条状或斑块状坏死（有无羊白肌病、口蹄疫）。

⑥羊泌尿生殖系统检查。看看肾脏情况。肾脏肿大，多见于羊传染病；质地较软，见于羊肠毒血症；有波动感，切开有尿液或脓液，多见于肾盂肾炎或化脓性肾炎；肾脏变硬、肿大、表面不平，多见于羊结核病。膀胱内尿液为暗红色或鲜红色，见于羊血尿症、巴贝斯虫病或附红细胞体病、蕨类中毒、亚硝酸盐中毒、肾脏损伤等。此外，看看母羊有无子宫肿大（有无化脓性子宫炎）、阴道脓性分泌物（有无阴道炎），以及公羊有无阴囊肿大（有无布氏杆菌病）等病症。

2. 羊病实验室诊断

（1）羊粪便虫卵检查方法

供检查的粪便必须新鲜、未被污染，也可以直接从羊的直肠内采集。具体检查方法有直接涂片检查法、虫卵漂浮检查法、虫卵沉淀检查法等。

①直接涂片检查法。在洁净的载玻片上滴加1~2滴水，再刮取少量的新鲜羊粪与水混合，剔去粪渣后形成混悬液（要求涂面不能太厚），再盖以盖玻片，在显微镜下检查虫卵。此方法操作简便，检出率相对较低，并且要多看几个视野。

②虫卵漂浮法。取新鲜粪便5~10克放在烧杯中，加100毫升饱和氯化钠，用玻棒搅匀，再用60目（孔径0.2毫米）铜筛过滤。滤液在烧杯中或试管内静置30分钟后，用接种环或玻棒蘸取表面液膜，并抖落在载玻片上，盖上盖玻片在显微镜下进行检查。本方法主要用于线虫、球虫和绦虫的虫卵检查。

③虫卵沉淀法。取新鲜粪便5~10克放在烧杯中，加100毫升水，然后用玻棒搅拌粪球，使之成为混悬液；再用60目铜筛过滤到另一个烧杯中；滤液静置10~15分钟后弃掉上清液，再加清水搅拌，静置。如此反复3~4次，直到上层液体变透明为止。最后吸取少量沉渣滴于载玻片上，盖上盖玻片再用显微镜进行检查。本方法多用于吸虫虫卵检查。

④虫卵计数法。本方法主要用于评价羊感染寄生虫的强度及判断驱虫后的驱虫效果。常见的有斯陶尔氏法和麦克马斯特氏法。其中，斯陶尔氏法是用小的特制球状烧瓶，在瓶内的下颈部标记两个刻度，分别为56毫升和60毫升。计数时加入4%的氢氧化钠溶液至56毫升处，再加入待捣碎的粪便，使液面达60毫升（加入粪便约4克）。然后再加入十多个玻璃小球，充分振荡，使粪便搅拌均

匀。若粪渣较多，需要过滤处理。后用0.5~1毫升的吸管吸取混悬液0.15毫升于载玻片上，并盖以盖玻片（若盖玻片较小，可分2~3处计数），在显微镜下观察。0.15毫升混悬液玻片上看到的虫卵总数，乘以100，即为每千克粪便中的虫卵数。麦克马斯特法是取2克粪便加入装有玻璃球的小瓶内，加饱和氯化钠58毫升后充分振荡；再用60目粪筛过滤后，吸出少量混悬液滴入麦克马斯特计数板，将计数板置于显微镜上；用低倍镜将2个计数板内见到的虫卵全部数完，并取平均值乘以200，即为每千克粪便中的虫卵数（EPG）。

（2）细菌检查方法

①细菌的镜检。首先用采集的病料（血液或体液等）在洁净的载玻片上直接涂片或推片或触片，待自行干燥或烤干后选择适当的染色液进行染色。常见的染色方法有瑞氏染色法、姬姆萨染色法、革兰染色法等。镜检一般在油镜下（放大1000倍）观察有无细菌或观察细菌的形态。

②细菌分离培养及鉴定。首先把所采集的病料经无菌操作，接种到普通培养基或特殊培养基上，在37℃恒温培养箱中培养24~48小时（有些细菌还要厌氧培养），观察有无细菌生长并观察菌落形态特征及是否溶血等。同时，还要挑取典型菌落进行涂片、染色、镜检，观察细菌形态和染色特点，看看是否与病料镜检细菌一致。此外，必要时还需对细菌进行有关的生化试验、动物试验以及聚合酶链反应试验（PCR），以确定细菌的种类。

③药敏试验。将分离出来的细菌接种到培养基上，并贴上常用的抗生素药敏片，在培养箱中继续培养24小时。24小时后根据培养皿中各种抗生素药敏片周围抑菌圈的大小来筛选最敏感的抗生素药物。一般来说，抑菌圈直径超过20毫米为高敏药物，16~20毫米为中敏药物，10~15毫米为低敏药物，低于10毫米为耐药。使用高敏或中敏药物来治疗细菌性疾病可获得比较理想的治疗效果，但前提是所分离的细菌为本病的主要致病菌，而并非杂菌或污染菌，同时致病菌必须是单纯的细菌，而非细菌、病毒混合感染。

（3）病毒检查方法

由于病毒一般不能在培养基中生长，只能在细胞内复制，所以病毒的检查通常采用鸡胚分离培养、细胞分离培养、动物接种、聚合酶链反应试验等4种方法。

①鸡胚分离培养。取9~12胚龄的鸡胚，在尿囊腔或绒毛尿囊膜内等部位接种经处理好的病料，接种病料后的鸡胚在培养箱继续培养。2~5天内观察鸡胚是否死亡、病变，并取胚液进行有关病毒试验。

②细胞分离培养。把病毒接种到无特定病原的动物肾细胞或睾丸细胞上，经过1~5天培养，观察培养细胞是否出现聚集成丛、融合、空泡等病变。

③动物接种。把病毒接种到具易感性且健康无病的试验动物体内。接种后观察动物的发病情况、病理变化，测定血清中抗体的水平变化。动物接种需要在特定的动物实验室内进行，并做好排泄物及环境的消毒工作。

④聚合酶链反应试验。把病死羊的病料采用不同病毒引物进行聚合酶链反应试验检测。目前，该方法已广泛用于羊病毒性疾病的快速诊断。

（4）抗体检测方法

近年来，随着生物技术的快速发展，血清学试验方法在羊病诊断、抗体检测等方面得到广泛的应用。包括凝集反应（如羊布氏杆菌病平板凝集试验）、沉淀试验（如羊关节炎—脑炎病毒琼脂扩散试验）、中和试验、免疫荧光试验、酶联免疫吸附试验等。

（5）其他诊断方法

除了常见的细菌学检查、病毒检查、寄生虫虫卵检查及抗体检测方法外，羊病的诊断还可以使用变态反应、单克隆抗体技术等方法。

（三）羊病治疗技术

1. 保定

在给羊只检查、灌药时，需予以适当的保定。羊体格小，性情温顺，比较容易保定。常用保定方法有骑胯保定法、侧卧保定法、栓系保定法三种。骑胯保定法是指保定人员骑胯在羊的肩部，两腿用力夹住羊的颈部和肩部，同时用两手紧握羊的两角或两耳，从而将羊只固定住的方法，此法适用于体型较小的羊只。侧卧保定法是指将羊只按倒侧卧，一手按住前肢上侧，另一手按压羊的臀部，从而将羊固定住的方法。栓系保定法是指用绳子或固定的头笼拴住羊角、羊头或羊颈部，再将绳子或头笼固定在木桩或护栏上，使羊不能大幅度活动的方法。

2. 注射

羊只发病后需要及时用药治疗，注射是常用的一种治疗方法。注射是将无菌的液体药物，用注射器注入羊体内。注射方式有皮下注射、肌内注射、静脉注射、气管注射、瘤胃穿刺、皮内注射等。注射前，注意注射器和针头清洁及消毒。

（1）皮下注射

皮下注射是把药物注射到羊的皮肤和肌肉之间。羊的皮下注射部位选择皮肤疏松的部位，如颈部两侧、后肢内侧等。用一只手提起注射部位的皮肤，另一只手持已吸好药液的注射器，以倾斜40°的角度刺入皮肤下方，回抽针芯不回血即可注入药物。注射前后，注射部位要用酒精或碘酊棉球消毒。

（2）肌内注射

肌内注射是将药液注入肌肉较多的部位。羊的肌内注射部位选择肌肉丰满的部位，如肩前颈部或两侧臀部。将注射部位剪毛、消毒，然后将药液吸入注射器，排完空气，将针头垂直刺入肌肉，抽动针管不见回血即可注入。注射完毕后再次消毒、压迫止血。

（3）静脉注射

静脉注射是将药液直接注射到静脉内，使药液随血液很快分布全身，迅速发生药效。羊的静脉注射部位在颈静脉（最好在颈静脉沟上1/3处）。注入方法是：先用左手按压静脉靠近心脏的一端，使其怒张；右手持注射器，将针头向上刺入静脉内，如有血液回流，则表示已刺入静脉内，此时用右手推动活塞，将药物注入；药物注射完毕后，左手按其刺入处，右手拔针，并用碘酊消毒。如药量大，可使用静脉输液器，其注射方法是：先将针头刺入静脉，再接上静脉输液器。注意药液输入静脉时，绝对不能含有气泡；根据不同药物特点，掌握好输液速度。

（4）气管注射

气管注射是将药物直接注入气管内。注射时，多取侧卧保定，且头高臀低，将针头穿过气管软骨环之间，垂直刺入，摇动针头。若感觉针头确已进入气管，接上注射器，抽动活塞，可见有气泡，此时可将药液缓缓注入。如欲使药液流入两侧肺脏中，第二次注射时，需将羊翻转，卧于另一侧。本法主要用于治疗气管、支气管和肺部疾病，也常用于肺部驱虫。

（5）瘤胃穿刺

当羊发生瘤胃臌气时，可采用本法。穿刺部位是左肷窝中央臌气最高的部位。其方法是局部剪毛，用碘酊消毒，将皮肤稍向上移；将套管针或普通针头垂直或朝右肘头方向刺入皮肤和瘤胃壁，气体即从针头排出；穿刺结束时拔出针头，局部用碘酊消毒即可。必要时可从套管针孔注入防腐剂或消毒剂。

3. 投药

根据药物的剂型、剂量及有无刺激性和病情的不同，选择不同的投药方法。

（1）内服法

①自行采食法。多用于大群羊的预防性治疗或驱虫。将药物按一定的比例拌入饲料或饮水中，任羊自行采食或饮用。大量用药时，最好先做小群的毒性试验和药效试验。

②长颈瓶给药法。将药液导入细口长颈的玻璃瓶、胶皮瓶，抬高羊的嘴巴，给药者右手拿药瓶，左手食指和中指自羊口角伸入羊的口中，并轻轻压迫舌头，

羊口即张开。然后将药瓶口从左口角伸入羊口中，并将左手抽出，待瓶口伸入舌头根部时抬高瓶底，将药液灌入。

（2）灌肠法

灌肠法是将药物配成溶液，直接灌入直肠内。一般用小橡皮管灌肠，先将羊直肠内的粪便排出，然后在橡皮管前涂抹凡士林，插入直肠内，把橡皮管内的盛药部位提高到超过羊的背部，药液即徐徐进入肠内。灌肠完毕后，拔出橡皮管，用手压在肛门或者拍打尾根部，以防药物排出。注意药液的温度应与体温一致。

（3）胃管法

给羊插入胃管进行投药，有经鼻腔插入和经口腔插入两种方法。无论采用哪一种方法投药，都需细心、耐心，切勿将药物灌入羊的气管内。

①经鼻腔插入法。先将胃管插入鼻孔，沿下鼻道慢慢送入，达到咽部时有阻挡感觉，待羊进行吞咽动作时趁机将胃管送入食道。若羊没有吞咽动作，可轻轻来回抽动胃管，诱其吞咽。胃管通过咽部后，若已进入食道，继续深送会感到稍有阻力，这时要向胃管内用力吹气，若见左侧颈沟有起伏，表示胃管已送入食道。若胃管误入气管，多数羊则表现不安、咳嗽，继续深送，毫无阻力，向胃管吹气，左侧颈沟也看不到搏动，用手摸左侧颈沟胸腔入口处摸不到胃管，同时胃管末端有与呼吸一致的气流出现。对此应将胃管抽出，重新插入。如胃管已入食道，继续深送，即可到达胃内，此时从胃管内排出酸臭气味，将胃管放低时则会流出胃内容物。确认胃管插入正确后，即可接上漏斗灌药。药液灌完后，再灌入少量清水，然后取掉漏斗，往胃管内吹气，使胃管内残留的液体完全入胃，最后折叠胃管，慢慢抽出。

②经口腔插入法。用绳将开口器固定在羊头部，将胃管通过开口器的中间孔，沿上腭直接插入咽部，借羊吞咽动作使胃管进入食道，接着继续深送，胃管即可到达胃内。此时即可实施与经鼻腔插入法相同的灌药方法。该法适用于灌服大量水剂及有刺激性的药液。患有咽炎、咽喉炎和咳嗽严重的病羊，不可用此法。

4. 药浴

为了预防和治疗羊的体外寄生虫，如疥螨、羊虱等，常需在寄生虫活动的季节或夏末、秋初进行药浴。如果某些病羊需要在冬季进行药浴，一定要注意做好保暖措施。

①药液的配置。目前常用于羊药浴的药物有溴氰菊酯、三氯杀螨醇、辛硫磷等，用自来水将药物配成适宜的浓度，并通过加热使药浴液的温度保持在20~30℃。

②药浴的方法，包括池浴法、淋浴法和盆浴法。池浴和淋浴主要用于具有一

定规模的养殖场,而盆浴则主要用于养殖规模较小的专业户。

③遵循的原则。药浴要在晴朗温暖的天气进行。大规模药浴前,要进行小群试浴。药浴时,工作人员需要佩戴口罩和橡皮手套,防止中毒。

二、羊急性死亡性疾病诊治

在临床上，时常见到羊只急性死亡病例，其原因可能是急性传染病（如羊链球菌病、羊巴氏杆菌病、羊炭疽、羊梭菌性疾病等）、管理不良性疾病（如羊瘤胃臌气、羊内出血等）、中毒性疾病（如羊有机磷农药中毒、羊除草剂中毒、羊亚硝酸盐中毒、羊尿素中毒、羊氢氰酸中毒等）。羊急性死亡性疾病，由于其发病急、危害大，会造成重大的经济损失。为此，临床上要对急性死亡病例进行认真甄别，并采取相应的处理措施。

（一）羊链球菌病

羊链球菌病是由链球菌引起的一种羊急性热性传染病。成年羊多表现败血症，而羔羊则以浆液性纤维素性肺炎为特征。绵羊最易感，常发于冬春季节。

1. 病原

本病病原 C 群马链球菌兽疫亚种，革兰阳性。在病料中呈球形，单个或成对存在，偶见 3~5 个相连成短链，有荚膜。本菌对外界环境的抵抗力较强，对热敏感，对一般消毒剂抵抗力较弱。

2. 流行特点

绵羊易感，山羊次之。在老疫区多为散发，在新疫区多见于冬春季节。常经呼吸道和损伤的皮肤而感染。发生过本病的地区易形成疫源地。养羊场在养猪场下游，或在养猪场附近放牧的羊只，易感性较高。

3. 临床症状

病羊体温升高，呼吸困难，咽喉部及下颌淋巴结肿大明显，有咳嗽症状，鼻流浆液性或带脓血的分泌物，眼结膜发绀。病程短，病死前会出现磨牙呻吟及抽搐现象。急性病例表现突然死亡（图 2-1），无任何先兆症状。

4. 病理变化

以败血病变为主，主要表现尸僵不明显，皮下出血（图 2-2），胸腔积液，内脏器官广泛性出血（图2-3），肺脏水肿并有肉样病变。内脏器官表面常覆有丝状纤维素样物质。

5. 诊断

取内脏器官组织或心血进行涂片染色镜检，可见双球状或3~5个菌体连成的短链状细菌（图2-4）。必要时需进行细菌分离鉴定。在临床上本病需与羊巴氏杆菌病、山羊传染性胸膜肺炎、羊梭菌性疾病进行鉴别诊断。

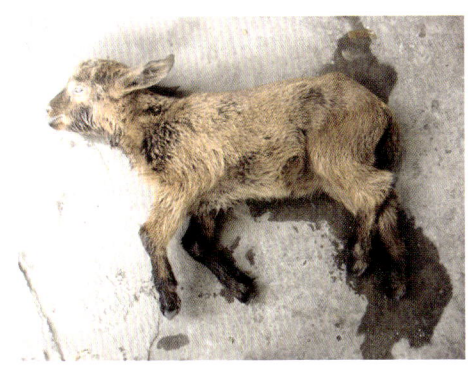

图2-1 羊链球菌病症状（急性死亡）

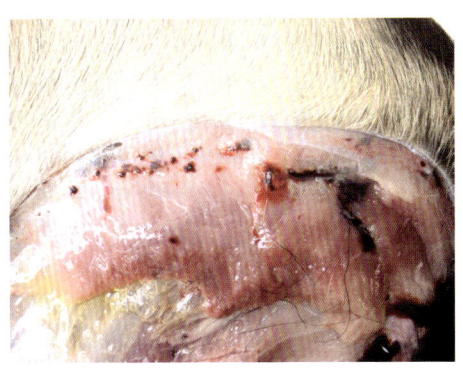

图2-2 羊链球菌病病理变化（皮下出血）

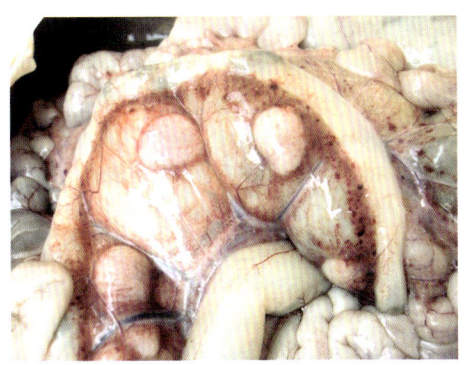

图2-3 羊链球菌病病理变化（内脏器官广泛性出血）

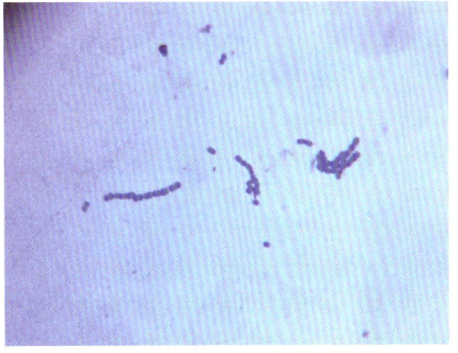

图2-4 羊链球菌形态

6. 防治

疫区可在疫病流行季节来临之前，接种羊链球菌病灭活疫苗预防。平时要加强羊群消毒和病羊隔离工作。在发病早期可使用青霉素和磺胺类药物进行治疗，如青霉素80万~160万单位，每天肌内注射2次，连用2~3天；或用10%磺胺嘧啶钠注射液5~10毫升，每天2次，连用2~3天。

（二）羊巴氏杆菌病

羊巴氏杆菌病又称羊出血性败血症，是由多杀性巴氏杆菌引起的一种羊传染病。常发生于断奶羔羊，也可见于1岁龄左右的绵羊，山羊较少见。在绵羊，主要表现为败血症和肺炎。

1. 病原

本病病原多杀性巴氏杆菌是两端钝圆、中央微凸的短杆菌，革兰阴性。在病羊组织或血液涂片，经瑞氏染色后菌体两极着色。抵抗力不强，对干燥、热和阳光敏感，用一般消毒剂在数分钟内便可杀死。对抗生素及磺胺类药物均敏感。

2. 流行特点

在绵羊多发，其中以幼龄羊和羔羊较常见。一年四季中以冬末和春初较多，常表现散发或地方流行性。本病多经呼吸道、消化道或受伤皮肤而感染。与环境、气候及饲养管理条件骤变有较大关系。

3. 临床症状

①最急性型。多见于哺乳羔羊，发病快，全身寒战，呼吸困难，多在几个小时内急性死亡（图2-5）。

②急性型。体温升高到41~42℃，咳嗽明显，鼻孔常流出带血分泌物（图2-6）。粪便有时干燥、有时腹泻。病程持续2~5天。

③慢性型。病羊消瘦，鼻流脓性分泌物（图2-7），咳嗽明显，呼吸

图2-5 羊巴氏杆菌病症状（病羊急性死亡）

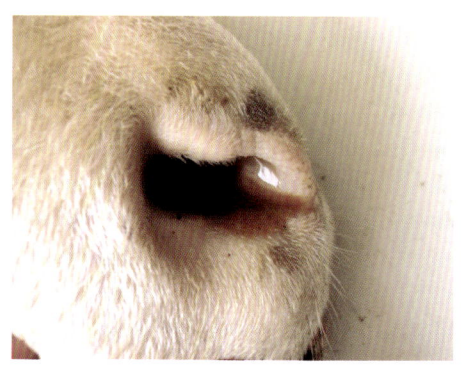

图2-6 羊巴氏杆菌病症状（鼻流带血分泌物）

图2-7 羊巴氏杆菌病症状（鼻流脓性分泌物）

困难。有时可见到胸前皮下有水肿或眼睛出现角膜炎症状。病程可持续2~3周。

4. 病理变化

①最急性型。无明显病理变化,有时可见肺脏淤血和水肿。

②急性型。咽喉部皮下组织水肿,胸腔内积液增多,肺脏淤血和水肿,出现不同程度的肺炎病变。肝脏可见坏死灶,胃肠道有出血病变,心脏有少量点状出血(图2-8)。

③慢性型。胸腔内出现胸膜炎和心包炎,肺脏表面有干酪样纤维素性渗出(图2-9),并有一些大小不等的坏死灶。

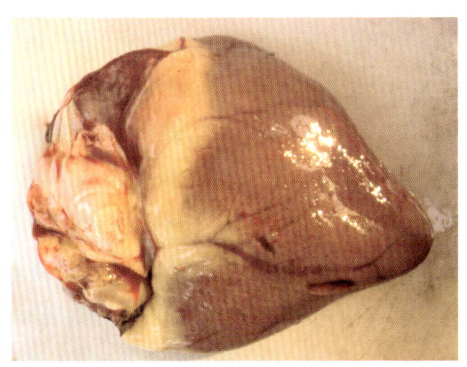
图2-8 羊巴氏杆菌病病理变化(心脏少量点状出血)

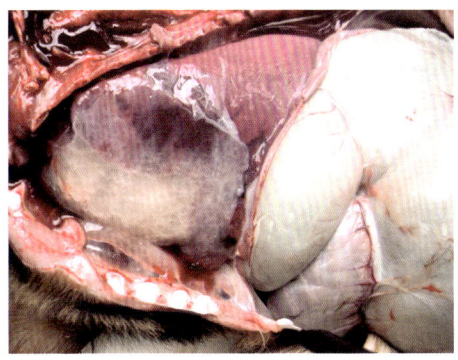
图2-9 羊巴氏杆菌病病理变化(肺脏表面干酪样纤维素性渗出)

5. 诊断

取病羊的肺脏、肝脏、脾脏等病料进行细菌镜检和分离,检出两极浓染的巴氏杆菌,再结合临床上的流行病学、症状、病变即可做出诊断。

6. 防治

平时要加强饲养管理工作,避免羊群受寒和拥挤,做好环境卫生和消毒工作。在本病常发地区可安排接种羊巴氏杆菌灭活疫苗。发现本病时,要立即采取隔离治疗,可选择硫酸庆大霉素、硫酸卡那霉素、磺胺嘧啶钠、氟苯尼考、恩诺沙星、青霉素和硫酸链霉素等药物肌内注射,每日2次,连用3天。

(三)羊炭疽

羊炭疽是由炭疽杆菌引起的羊急性、热性、败血性传染病,常呈急性经过,突然发病,以可视黏膜发绀、天然孔出血为特征。

1. 病原

本病病原炭疽杆菌是一种不运动的革兰阳性大杆菌，有荚膜。在组织或血液中，多呈单个或 2~5 个菌体相连的竹节状短链。在人工培养物内或自然界中，菌体呈长链状排列，在适宜的条件下可形成芽孢。芽孢具有很强的抵抗力，在干燥环境中能存活 12 年以上。

2. 流行特点

本病是一种各种家畜、野生动物和人都能感染发病的人畜共患传染病。多发于夏季。多为散发或呈地方流行性，一般见于放牧羊群。本病主要通过消化道传染，也可通过呼吸道或者吸血昆虫的叮咬传染。

3. 临床症状

病羊发病突然，体温升高，全身发抖，呼吸困难，可视黏膜发绀，多见出现症状后数小时内死亡。死亡后可见天然孔流出暗红色不易凝固的血液（图 2-10）。常呈散发状态。

4. 病理变化

羊死后尸体迅速膨胀，在天然孔可见不同程度的暗红色血液，可视黏膜发绀。剖检可见脾脏肿大明显、质脆并呈暗红色（图 2-11）。肺脏有不同程度的充血和出血。肾脏也有出血和坏死。

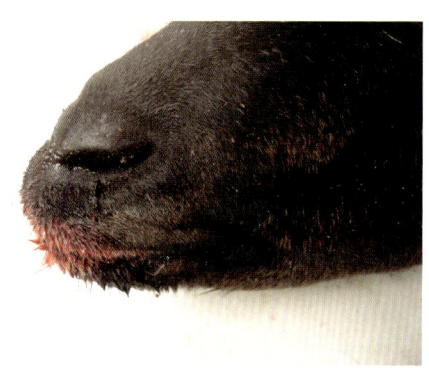

图 2-10　羊炭疽症状（嘴巴流出不易凝固的血液）　　图 2-11　羊炭疽病理变化（脾脏肿大，呈暗红色）

5. 诊断

用血液或内脏（肝脏、脾脏等）进行涂片染色镜检，在显微镜下可见大型的革兰阳性菌（有荚膜，常单个、成双或以链状排列成竹节状）。有条件可进行细菌分离培养及鉴定。

6. 防治

在临床上对怀疑是炭疽的病例，必须严禁剖检，并采取焚烧等无害化处理，以免病原扩散或感染到人。对污染的场所进行严格的消毒措施。在疫区，每年可安排免疫注射Ⅱ号炭疽芽孢苗1~2次，每只羊皮内注射0.2毫升进行预防。对病程稍长的病例，可使用本病的抗血清或抗生素进行治疗，有一定的效果。常见的抗生素有青霉素、硫酸链霉素、氟苯尼考、氨苄青霉素、阿莫西林钠、头孢噻呋钠等。

（四）羊梭菌性疾病

羊梭菌性疾病是由B型、C型、D型魏氏梭菌及腐败梭菌、B型诺维氏梭菌引起的一类羊病总称。不同类型的梭菌，其易感动物、流行特点，病羊表现临床症状、病理变化，以及防治措施有所不同。

1. 羔羊痢疾

本病是由B型魏氏梭菌引起的一种初生羔羊急性毒血症。临床上以剧烈腹泻和小肠、皱胃发生溃疡为特征。本病可使羔羊大批死亡。

（1）病原

本病病原B型魏氏梭菌为粗短杆菌，大小（4.0~8.0）微米×（1.0~1.5）微米，单个或成对排列，无鞭毛，不运动。在动物体内形成荚膜，但在普通培养基上不形成荚膜。繁殖体对一般消毒药抵抗力较弱，可选用含氯或酚类消毒药杀灭。

（2）流行特点

本病主要危害7日龄以内的羔羊，其中以2~3日龄羊最易发生。主要经消化道感染，也可以通过脐带或创伤皮肤感染。一些不良因素的应激，如天气骤变、羔羊体质虚弱、羔羊饥饱不均等，可诱发本病。

（3）临床症状

羔羊精神委顿、体质虚弱，腹泻明显，粪便呈黄褐色、恶臭（图2-12、图2-13）。后期出现四肢瘫痪、卧地不起、口流白沫，最后体温下降、衰竭致死。

（4）病理变化

尸体脱水明显，小肠以出血性炎症为主。病程稍长的病例，在小肠内膜可见

图2-12 羔羊痢疾症状（顽固性拉稀）

到大小不等的溃疡灶，或弥漫性坏死。皱胃内常有未消化的凝乳块（图2-14），在皱胃黏膜上可见不同程度的小溃疡灶（图2-15，图2-16）。

图2-13 羔羊痢疾症状（粪便黄褐色）

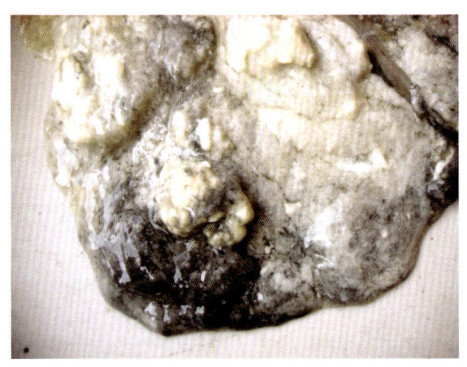

图2-14 羔羊痢疾病理变化（皱胃内未消化凝乳块）

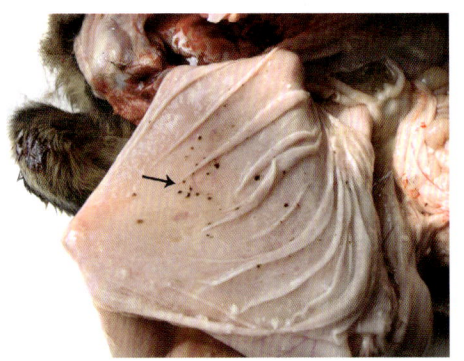

图2-15 羔羊痢疾病理变化（皱胃黏膜轻度溃疡灶）

图2-16 羔羊痢疾病理变化（皱胃黏膜严重溃疡灶）

（5）诊断

根据羔羊腹泻，以及小肠出血、皱胃出现一些溃疡灶等可做出初步诊断。必要时可结合本病的细菌分离鉴定及毒素检查进行确诊。在临床上，本病还需与羊沙门菌病、羔羊大肠杆菌病及其他原因引起的腹泻的疾病进行鉴别诊断。

（6）防治

首先，加强饲养管理，做好母羊产前抓膘，产后要注意保暖、合理哺乳、并做好环境卫生和消毒工作。其次，在本病常发地区要做好母羊疫苗（如羔羊痢疾灭活疫苗）接种工作。此外，在本病的常发地区，还可采用药物预防，也有一定效果。如羔羊出生12小时内，内服盐酸土霉素片0.12~0.15克，每日1次，连用3天，或磺胺脒片，每只0.2~0.5克，连用3天。治疗本病的药物很多，治疗原则是抗菌消炎、收敛止泻。具体来说，可用盐酸土霉素0.2~0.3克、胃蛋白酶0.2~0.3克加温水30毫升1次灌服，每日2次，连用3天；也可用磺胺脒0.5克、次硝酸铋0.2克等调水灌服；还可使用中药加减乌梅汤（乌梅10克、炒黄连10克、黄芩10克、郁金10克、甘草10克、猪苓10克、柯子肉12克、焦山楂12克、神曲12克、泽泻8克、干柿饼一个等）研碎煎汤150毫升，加适量红糖灌服。严重病例除内服上述药物外，还需肌内注射广谱抗菌消炎药（如恩诺沙星、环丙沙星、氟苯尼考、青霉素、硫酸链霉素等），或配合静脉注射5%的葡萄糖氯化钠溶液进行治疗。

2. 羊猝狙

本病是由C型魏氏梭菌引起的一种羊传染病。临床上以急性死亡、形成腹膜炎和溃疡性肠炎为特征。

（1）病原

本病病原C型魏氏梭菌为两端略呈切状粗杆菌，菌体单个或2~3个相连，无鞭毛，不运动。在肠内容物中易见芽孢，但在动物体内极少见到芽孢。革兰阳性。在厌氧环境中生长迅速。

（2）流行特点

本病多见于1~2岁的绵羊，膘情较好的多发，山羊少见。一年四季中，以冬春季节多发。本病多见于在低洼、沼泽地区放牧羊群，并呈地方流行性。

（3）临床症状

本病发病急，多数病羊还未见到明显的发病症状就突然死亡。有时也表现精神委顿、离群、起卧不安、痉挛症状。

（4）病理变化

十二指肠和空肠黏膜严重出血和溃疡。腹腔积液增多，并有丝状或团块状的纤维素性渗出（图2-17），有时在皮下组织也可见到粉红色渗出物。

（5）诊断

根据流行特点、临床症状和病理变化可做出初步诊断，必要时可对肠内容物和内脏进行细菌分离鉴定和毒素检查，从而做出确诊。本病在临床上还需与羊快疫、肠毒血症、黑疫、巴氏杆菌病、炭疽等疾病进行鉴别诊断。

图2-17 羊猝狙病理变化（丝状纤维素性渗出）

（6）防治

本病的预防主要用羊快疫、猝狙二

联灭活疫苗或羊快疫、猝狙、肠毒血症三联灭活疫苗或羊快疫、猝狙、羔羊痢疾、肠毒血症三联四防灭活疫苗进行预防接种。在发病严重地区，还要加强饲养管理工作，防止羊群受寒或采食冰冻饲料，放牧时要推迟早上放牧时间。本病的病程很短，在临床上往往看不到明显病症就死亡，所以临床治疗无意义。

3. 羊肠毒血症

本病是由 D 型魏氏梭菌引起的一种绵羊急性毒血症。临床上以发病急、病程短、肾脏组织软化为特征。

（1）病原

本病病原 D 型魏氏梭菌，多存在于土壤和病羊肠道、粪便中。本菌为短粗大型杆菌，两端呈方形或圆形，大小为（2.0~8.0）微米 ×（1.0~1.5）微米，多单个存在。在培养基中呈多形性。无鞭毛，不运动，会形成芽孢。革兰阳性。本菌及其芽孢对热敏感。

（2）流行特点

以 2~12 月龄、膘情较好的绵羊多发，山羊少见。有明显的季节性，多见于夏天和秋天。多为散发。本病的发生与羊的不良采食（如吃了大量的蔬菜或大量的食物）有关。

（3）临床症状

羊发病急促，突然出现肌肉颤抖，磨牙，口鼻流泡沫，头颈后仰，多数在出现上述症状后 2~4 小时内死亡。有些病羊在死亡之前还有腹泻、排出黄褐色的水样稀粪等症状。

（4）病理变化

剖检可见肾脏肿大明显，肾脏皮质柔软如泥，甚至呈糊状（又称"软肾病"）（图 2-18）。小肠黏膜充血、出血（图 2-19），严重时整个小肠内壁为红色。

图 2-18 羊肠毒血症病理变化（肾脏肿大，皮质柔软）

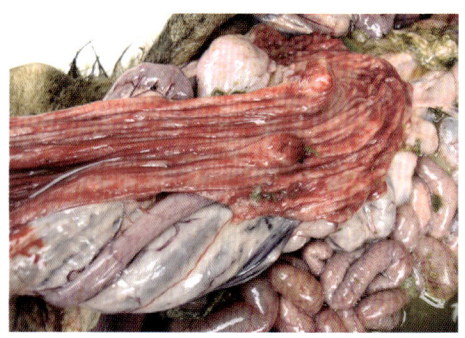

图 2-19 羊肠毒血症病理变化（小肠黏膜出血严重）

脾脏也有不同程度的肿大，胆囊也肿大，全身淋巴结也肿大充血。

（5）诊断

根据流行病学、临床症状和病理变化可做出初步诊断。必要时对肠道、肾脏、肝脏进行细菌分离鉴定，以及对小肠内毒素检验，从而做出确诊。在临床上，本病要与羊快疫、猝狙、巴氏杆菌病等进行鉴别诊断。

（6）防治

在本病的常发地区，每年定期用羊快疫、猝狙、羔羊痢疾、肠毒血症三联四防灭活疫苗进行预防接种。此外，在牧区或农区春夏或秋季谷物收成季节，要防止羊采食过量的结籽农作物或蔬菜。本病目前没有有效的治疗药物，由于发病急，多数病例都来不及治疗就死亡。

4. 羊快疫

本病是由腐败梭菌引起的一种羊急性传染病。临床上以突然发病、病程短、多呈急性死亡、皱胃出血为特征。

（1）病原

病原腐败梭菌呈杆状，大小为（0.6~0.8）微米×（2.0~4.0）微米，无荚膜，有鞭毛，能运动，会形成芽孢。菌体单个或2~3个相连，有的呈长丝状。本菌为严格厌氧，革兰阳性。一般消毒药均能杀死病菌繁殖体，但其芽孢抵抗力强，可用氯制剂或氢氧化钠消毒。

（2）流行特点

本病以6~18月龄的绵羊最易感，膘情好的易发，山羊和鹿也可发病。一年四季中以秋冬和初春多发。发病率比较低，以散发为主，但死亡率很高，传染途径以消化道感染为主。

（3）临床症状

在放牧时发现羊死于牧场或者早晨死于羊舍内。个别病程稍长的病例，可见到腹胀、腹痛等症状，最后衰竭死亡。极少有耐过者。

（4）病理变化

病羊死亡后，尸体迅速腐败膨胀，皱胃黏膜出现弥漫性出血斑（图2-20），前胃黏膜也有不同程度的脱落。肠道黏膜也有不同程度的充血、出血，以及溃疡病变。肺脏、脾脏、肾脏等器

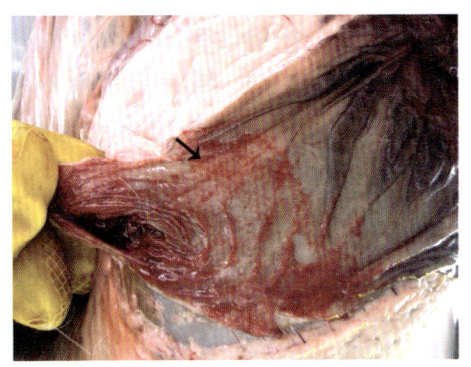

图2-20 羊快疫病理变化（皱胃黏膜弥漫性出血斑）

官也有不同程度的淤血。颈部和胸部皮下组织有胶冻样水肿。其中皱胃黏膜出血为特征性病变。

（5）诊断

根据流行病学、临床症状、病理变化可做出初步诊断。必要时要进行细菌分离鉴定和胃肠内毒素检验，从而做出确诊。在临床上，本病还需与羊炭疽、肠毒血症、巴氏杆菌病、黑疫等进行鉴别诊断。

（6）防治

在本病常发地区可使用羊快疫、猝狙、羔羊痢疾、肠毒血症三联四防灭活疫苗进行预防。在平时饲养管理过程中，要防止羊群受寒和采食冰冻饲料。早上要推迟放牧时间。由于本病发病很急，往往来不及治疗就死亡，所以在临床上无治疗意义。

5. 羊黑疫

本病是由B型诺维梭菌引起羊急性高度致死性毒血症，又名传染性坏死性肝炎。临床上以肝脏发生实质性坏死为特征。

（1）病原

本病病原B型诺维梭菌，又称水肿梭菌，为大型杆菌，大小为（1.2~2.0）微米×（4.0~20.0）微米。无荚膜，有鞭毛，能运动。本菌会形成芽孢，严格厌氧，革兰阳性。

（2）流行特点

本病可危害绵羊和山羊，但以2~4岁膘情好的绵羊多发，牛也可感染本病。多发于春夏季节，肝片吸虫会诱发本病。常见于地势较低的低洼潮湿地区放牧羊。

（3）临床症状

羊发病急促，常常见不到临床症状就突然死亡。少数慢性病例可见病羊离群、食欲废绝、体温升高、呼吸困难，最后昏睡而死亡。

（4）病理变化

剖检可见肝脏表面和肝脏实质内可见散在、数量不等的圆形坏死灶（直径约2~3厘米），呈黄白色（图2-21）。在坏死灶外围有一红色炎症反应带。皮下严重淤血而使皮肤变黑色（故称羊黑疫），在颈部、腹部、皮下有胶冻样水肿（图2-22）。

（5）诊断

根据流行特点、临床症状、病理变化可做出初步诊断。必要时取病料进行细菌分离鉴定和毒素检查。此外，本病在临床上还需注意与羊快疫、肠毒血症、巴氏杆菌病等进行鉴别诊断。5种羊梭菌性疾病的鉴别要点见表2-1。

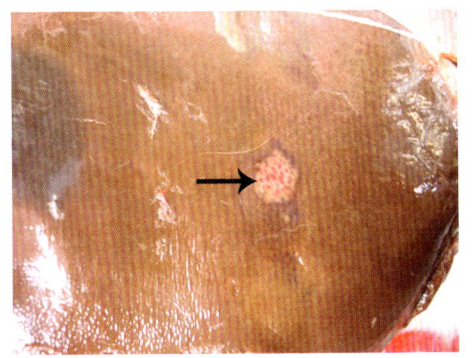
图2-21 羊黑疫病理变化（肝脏表面散在黄白色坏死灶）

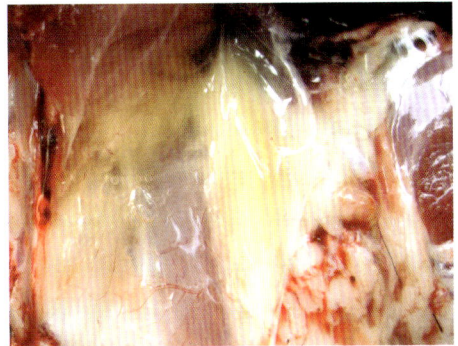
图2-22 羊黑疫病理变化（皮下胶冻样水肿）

表2-1 5种羊梭菌性疾病的鉴别要点

鉴别要点		病名				
		羔羊痢疾	羊猝狙	羊肠毒血症	羊快疫	羊黑疫
病菌及涂片镜检		B型魏氏梭菌，血液和脏器可见两头钝圆的粗大杆菌	C型魏氏梭菌，血液和脏器可见两头钝圆的粗大杆菌	D型魏氏梭菌，血液和脏器可见两头钝圆的粗大杆菌	腐败梭菌，肝脏被膜触片可见无节长丝状的菌体	B型诺维氏梭菌，粗而长的大型杆菌
流行病学	易感动物和病性质	羔羊，急性毒血症	成年绵羊（1~2岁多发），毒血症	绵羊（1岁以下多发）、山羊，毒血症	绵羊、山羊，毒血症	绵羊、山羊、牛，毒血症
	营养状况	体质瘦弱者多发	膘情较好者多发	膘情较好者多发	膘情较好者多发	膘情较好者多发
	发病季节	冬季	秋、春	牧区：春夏之交和秋季；农区：夏收、秋收季节	秋、冬和早春	春季
	发病诱因	母羊怀孕期营养不良，气候寒冷，哺乳不当	常见于低洼沼泽地放牧的绵羊	食入过量青嫩多汁或富含蛋白质的草料	多见于低洼潮湿地区；气候剧变、阴雨连绵、风雪交加；吃过冰冻霜草料	与羊肝片吸虫感染有关

续表

鉴别要点		病名				
		羔羊痢疾	羊猝狙	羊肠毒血症	羊快疫	羊黑疫
临床症状	体温	降至常温以下	一般正常	一般正常	一般正常	体温正常或略升高
	转归	缓死，很少自愈	急死，无耐过者	急死，无耐过者	急死，无耐过者	急死
	特征	剧烈腹泻，小肠溃疡	急性死亡，腹膜炎，溃疡性肠炎	突然发病，即刻死亡	突然发病，即刻死亡	皮肤发黑
	可视黏膜	部分口流白沫	无明显异常	口腔黏膜苍白，口鼻流出泡沫样液体	可视黏膜充血、呈蓝紫色，天然孔流出血样液体	无明显异常
病理变化	前胃黏膜自溶脱落	无	无	无	多见	无
	皱胃出血性炎症	无	无	轻微	很显著，呈弥漫性或斑块状	无
	小肠出血性炎症	较普遍而严重	严重	较普遍而严重	一般轻微，个别较重	轻微
	肾脏软化	无	无	多数有，且较明显	少有，较轻微	无

（6）防治

在本病的流行地区要做好黑疫疫苗的免疫工作，同时定期做好片形吸虫的驱虫工作（每年4~6次）。在发病早期使用抗诺维梭菌血清或青霉素等抗生素进行治疗，有一定的效果。

（五）羊瘤胃臌气

羊瘤胃臌气是羊采食了大量易发酵的饲草料，在瘤胃微生物参与下饲草料过度发酵，迅速产生大量气体，致使瘤胃急剧膨胀的一种消化道疾病，又称瘤胃臌胀。

1. 病因

病因包括原发性病因和继发性病因。原发性病因是由于羊在较短时间内吃了大量易发酵的饲料（如精料、幼嫩牧草或变质饲料）。继发性病因常见于羊发生食道阻塞、前胃迟缓、瓣胃阻塞、慢性腹膜炎、创伤性网胃炎等疾病后出现的瘤胃臌气。

2. 临床症状

羊发病突然，腹围明显增大，左肷部隆起明显（图2-23）。病羊烦躁不安，呼吸困难，可视黏膜发绀。若处理不及时很快就会倒地呻吟或出现痉挛现象，几个小时内出现死亡。

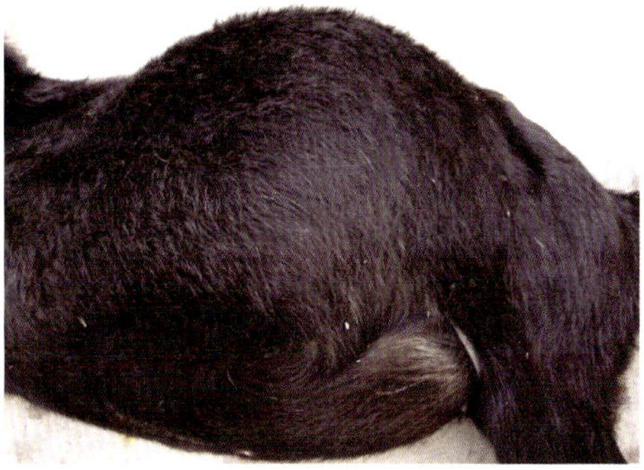

3. 病理变化

剖检可见瘤胃内充满大量未消化食物，瘤胃黏膜充血、出血，可视黏膜发绀。

图2-23 羊瘤胃臌气症状（腹围增大，左肷部隆起）

4. 诊断

根据发病史及临床症状可做出诊断。

5. 防治

预防上要加强饲养管理，不喂太多的精料或吃太多的幼嫩牧草（如紫云英、苜蓿草、黑麦草等），在南方地区应选择午后放牧（早上露水多）。如有其他消化道疾病，要控制好精料或豆科牧草的摄入量。

治疗以排气、制酵、泻下为原则。在早期可灌服食用油100~200毫升，或取液体石蜡油100毫升、鱼石脂2克、酒精10毫升混匀后加适量水灌服，也可选用陈皮酊50毫升或龙胆酊50毫升适量兑水后灌服。在农村可就地取材使用50毫升左右腌果盐露兑水后灌服，也有一定效果。如臌气特别严重，可进行瘤胃穿刺放气。在实施过程中操作要规范，控制放气速度，防止出现脑缺氧或腹膜炎现象。

（六）羊有机磷农药中毒

羊有机磷农药中毒是羊接触、吸入或食入一定量有机磷农药而引起的中毒性疾病。临床上以流涎、口吐白沫、瞳孔缩小、腹泻、肌肉强直性痉挛为典型特征。该病发病快，死亡率高。

1. 病因

羊误食了喷洒或污染了有机磷农药的牧草、青菜或种子、饮用水，也可能是没有规范使用有机磷杀虫剂（如体外驱虫）造成的。

2. 临床症状

病羊流涎、口鼻流白沫（图2-24），兴奋不安，到处奔跑，眼瞳孔缩小，顽固性腹泻，肌肉强直性痉挛或抽搐。发病快，死亡快（最终抽搐而死）。

3. 病理变化

剖检可见皮下有出血点（图2-25）。瘤胃黏膜大面积脱落（图2-26），胃内容物有大蒜味。肺脏表面有出血点或出血斑，并有水肿病变（图2-27），支气管内含有大量泡沫样液体。肝脏肿大，表面有弥漫性出血（图2-28）。肠壁有出血点或出血斑（图2-29），肠炎病变明显。心冠脂肪和心肌也有不同程度的出血病变（图2-30）。

图2-24 羊有机磷农药中毒症状（口腔流白沫）

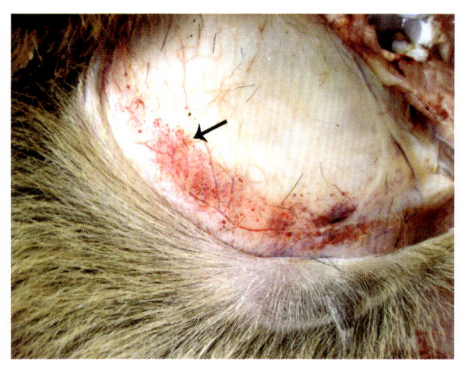

图2-25 羊有机磷农药中毒病理变化（皮下出血点）

图2-26 羊有机磷农药中毒病理变化（瘤胃黏膜大面积脱落）

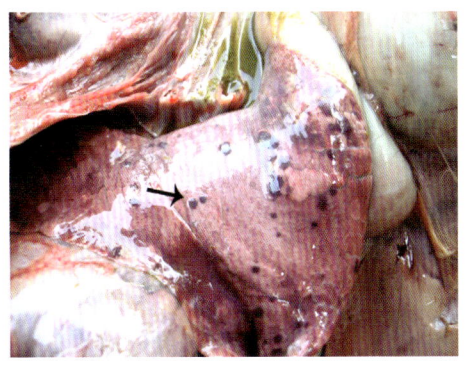
图 2-27 羊有机磷农药中毒病理变化（肺脏表面出血点）

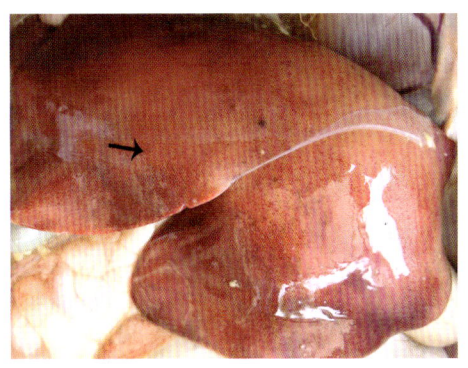
图 2-28 羊有机磷农药中毒病理变化（肝脏表面弥漫性出血点）

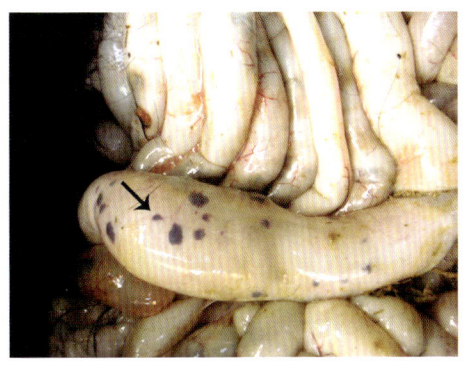
图 2-29 羊有机磷农药中毒病理变化（肠壁出血点或出血斑）

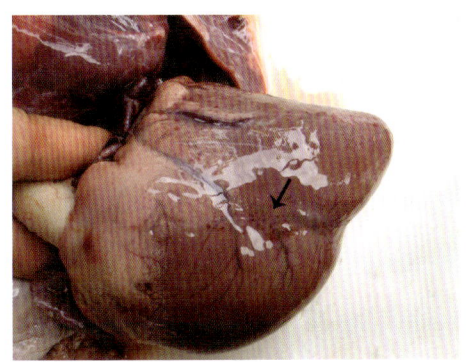
图 2-30 羊有机磷农药中毒病理变化（心脏脂肪和心肌出血点）

4. 诊断

根据发病史、临床症状和病理变化可做出初步诊断。必要时对血液进行胆碱酯酶活性测定，从而做出确诊。

5. 防治

建立健全农药的保管和使用制度，不要让羊只到有喷过农药的地方放牧。在应用敌百虫等有机磷农药进行体外驱虫时，要正确掌握使用剂量、浓度和方法，不能将它与碱性药物或消毒水、肥皂一起使用。

发病时要尽早脱离毒源，在早期可使用盐类泻药或木炭粉进行排毒处理。同时可使用皮下或肌内注射硫酸阿托品注射液（按每千克体重 0.5~1 毫克），静脉注射碘解磷定（按每千克体重 20 毫克，用 5% 葡萄糖稀释），每 2~3 个小时重复 1 次。摄入量少的病羊经上述治疗 1~2 次，效果较好，但对于农药摄入量多的病羊多数预后不良。

（七）羊除草剂中毒

羊除草剂中毒是羊在放牧时采食到喷洒了除草剂的牧草而引起的中毒性疾病。临床上以呼吸急促、口流白沫、瞳孔放大、肌肉痉挛、食欲不振、瘤胃臌气为特征。本病发病快，死亡急。

1. 病因

羊在放牧时采食到喷洒过除草剂的牧草（如在果园下、稻田间、公路边）。常见的除草剂有草甘膦、2，4-D丁酯、乙草胺等。强壮的中大羊更易出现中毒现象（可能与采食量大有关）。

2. 临床症状

急性病例往往在采食后1小时即出现症状，表现呼吸急促，起卧不安（图2-31），呻吟鸣叫，反刍减少或停止，可视黏膜淤血或发绀，食欲不振，瘤胃臌气，个别有口鼻流白沫（图2-32）。体温38~39.5℃，呼吸每分钟70~80次，瞳孔放大。严重时出现肌肉痉挛或抽搐症状。多在6~12小时内死亡（有的第2天在羊舍内突然死亡）。慢性病例表现瘤胃臌气，精神沉郁，起卧不安，反刍减少，呼吸加快，食欲不振，粪便少或无，病程可持续3~5天。若及时治疗，有可能成活。

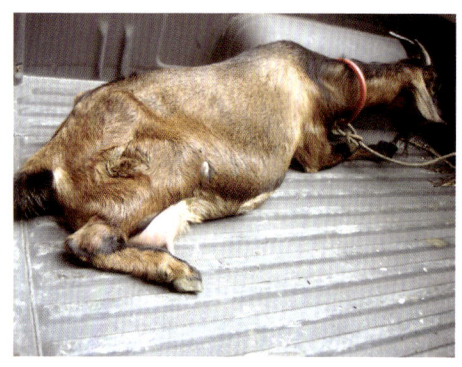
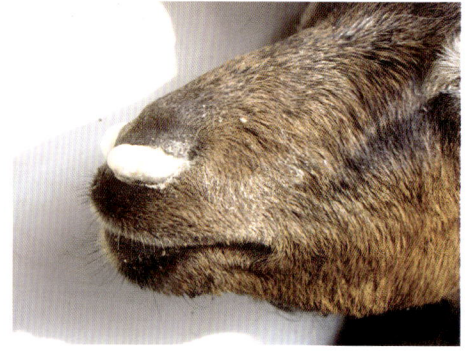

图2-31 羊除草剂中毒症状（起卧不安） 　图2-32 羊除草剂中毒症状（口鼻流白沫）

3. 病理变化

剖检可见皮下脂肪出血（图2-33），心冠脂肪出血，肝脏有弥漫性出血点，胆囊肿大，胃壁和肠系膜有出血点或出血斑（图2-34）。个别病例还出现肺脏出血点，肠壁出血点，浆膜黄染等病变。

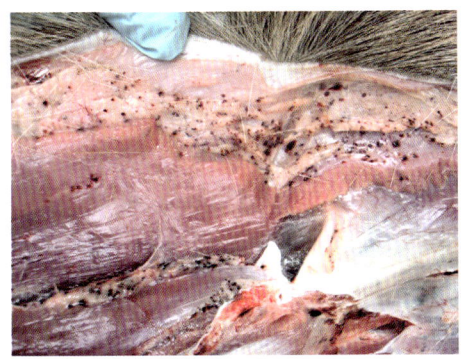
图 2-33 羊除草剂中毒病理变化（皮下脂肪出血）

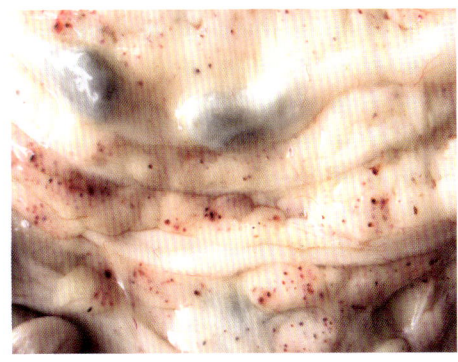
图 2-34 羊除草剂中毒病理变化（肠系膜出血点和出血斑）

4. 诊断

根据发病史、临床症状、病理变化可做出初步诊断。在临床上需与羊有机磷农药中毒、败血型链球菌病进行鉴别诊断。

5. 防治

预防上要加强饲养管理，不要到有喷洒除草剂的地方放牧。对中毒症状较轻的羊只可采用内服绿豆甘草汤（生绿豆 50~100 克、甘草 3~12 克，喂 1 只成羊）或内服碳酸氢钠（每只成羊 15 克，溶水后灌服）。此外，可静脉注射 5% 碳酸氢钠注射液 60~80 毫升、25% 葡萄糖溶液 200~250 毫升，肌内注射硫酸阿托品 3~6 毫升，进行一般性解毒处理，有一定效果。对于病症严重者，治疗效果很差，往往预后不良。

（八）羊亚硝酸盐中毒

羊亚硝酸盐中毒是羊采食了含有大量硝酸盐或亚硝酸盐的饲草料而引起的中毒性疾病。临床上以皮肤、黏膜发绀等缺氧症状为特征。

1. 病因

对于羊等哺乳动物来说，硝酸盐是低毒的，而亚硝酸盐是高毒的，但自然界中有许多微生物能把硝酸盐还原为亚硝酸盐。在适宜的温度下（20~40℃），这类细菌迅速生长繁殖。许多多汁饲料（如块根块茎类的甜菜、萝卜、马铃薯等，叶菜类的油菜、小白菜、菠菜、青菜等），成堆放置过久或经过雨淋或烈日暴晒后，易出现腐烂变质或发酵，使硝酸盐还原成亚硝酸盐，羊采食后易导致中毒。此外，羊误食施过硝酸盐类化肥的稻田水、牧草等也会引起中毒。

2.临床症状

本病发病急，常常在羊大量采食富含硝酸盐或亚硝酸盐的饲草料后几小时突然发病。早期病羊主要表现尿频，呼吸急促，随后发生呼吸困难，大量流涎，起卧不安，腹部疼痛，腹泻。可视黏膜发绀，腹下皮肤呈白灰色（图2-35），脉搏加快，体温正常或偏低。肌肉震颤，步态踉跄，后期出现倒地强直性痉挛而死亡。

3.病理变化

剖检可见血液暗红色（图2-36），可视黏膜发绀，膀胱呈黑色（图2-37），尿液为暗红色。

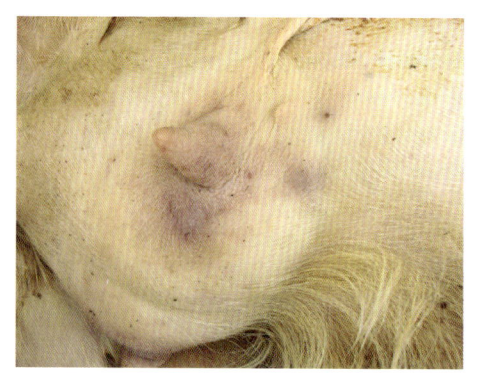

图2-35 羊亚硝酸盐中毒症状（腹下皮肤白灰色）

图2-36 羊亚硝酸盐中毒病理变化（血液暗红色）

图2-37 羊亚硝酸盐中毒病理变化（膀胱黑色）

4.诊断

根据发病史、临床症状、病理变化可作出初步诊断。如需确诊，需将可疑饲料、饮水、呕吐物、胃肠内容物进行毒物检查。

5.防治

预防上加强饲草料的存放和管理，即将收割的青绿饲草料要严格禁止施用硝酸盐类化肥和农药；收割后的青绿饲草料最好摊开敞干或晒干，干燥后再贮存。禁止饲喂腐烂变质的青绿饲草料。

治疗上可采用如下3个方法：

①亚甲蓝（美蓝）溶液，配比为1%（按每千克体重0.1~0.2毫升）肌注，还可用5%葡萄糖溶液稀释后静脉注射。必要时，可在1~2小时后重复使用1次。

②配合应用5%维生素C 10~20毫升、50%葡萄糖溶液30~50毫升，静脉注射。

③灌服磺胺类药物和大量饮水，阻止硝酸盐的还原，达到解毒目的。

（九）羊尿素中毒

羊尿素中毒是尿素使用不当导致的一种羊急性中毒性疾病，常见于舍饲育肥羊及种羊。

1. 病因

尿素是农业上广泛应用的一种速效肥料，反刍动物瘤胃内的微生物可将尿素中的非蛋白氮转化为蛋白质，因此它也可以作为反刍动物（牛、羊）的蛋白质补充饲料，或用于麦秸的氨化。但若使用方法不当或用量不当，则可导致反刍动物尿素中毒。使用尿素作为反刍动物的蛋白质补充饲料，补饲时没有按照规定添加，饲喂过多或喂法不当，容易引起中毒。在补饲尿素的同时又喂饲富含脲酶的豆饼等饲料，更容易引起羊只中毒。

2. 临床症状

羊过量采食尿素后30~60分钟即发病。病初表现不安、呻吟、流涎、肌肉震颤、腹胀、步态不稳。继而反复痉挛、呼吸困难、脉搏增数，从鼻腔和口腔流出泡沫样液体。末期全身痉挛出汗、眼球震颤、肛门松弛、瘤胃臌气（图2-38）。急性中毒病例在中毒后1~2小时即窒息死亡。慢性病例则可能发生后躯不完全麻痹或瘤胃臌气。

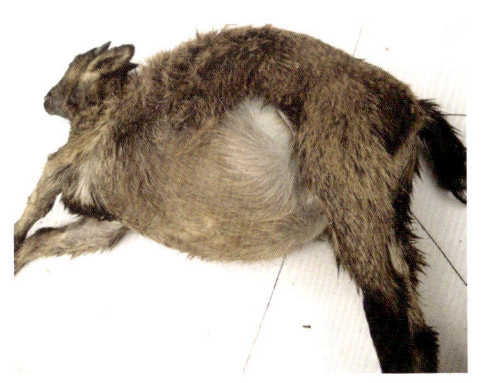

图2-38 羊尿素中毒症状（瘤胃臌气）

3. 病理变化

剖检可见肺脏水肿，胃肠黏膜有不同程度充血和出血病变。

4. 诊断

通过了解发病史及临床表现一般可以确诊。必要时可采血进行血氨浓度测定，一般情况下血氨达8.4~13毫克/升就可出现中毒症状，达到50毫克/升时羊会死亡。

5. 防治

要规范化肥保管使用制度，防止羊误食尿素。用尿素作饲料添加剂时，要严格掌握用量，即体重50千克的成年羊，用量不超过25克/日。尿素以拌料饲喂为宜，不得化水饮服或单喂，喂后2小时内不能饮水。如日粮蛋白质已足够，不宜再加喂尿素，更不能与豆粕一起饲喂。

发现羊中毒后，立即停喂尿素，并灌服食醋或醋酸等弱酸溶液，如1%醋酸1升、蔗糖250~500克、自来水1升，分5次灌服。同时静脉注射10%葡萄糖酸钙液100~200毫升，或10%硫代硫酸钠液100~200毫升，并配合使用强心剂、利尿剂。若中毒严重，则治疗效果不好。

（十）羊氢氰酸中毒

羊氢氰酸中毒是羊采食含氰苷配糖体的青绿饲料而引起的中毒性疾病。临床上以病羊呼吸困难、黏膜潮红、肌肉震颤等为特征。

1. 病因

羊采食了大量含氰苷配糖体的作物（如高粱苗、玉米苗、马铃薯幼苗、亚麻子、木薯、桃仁、李仁、杏仁、枇杷叶子、桃树叶等），或误食了氰化物。

2. 临床症状

本病发病很急，一般采食后1小时即出现症状，病羊主要表现兴奋不安、流涎（图2-39）、腹痛、瘤胃臌气、心跳和呼吸加快、可视黏膜呈鲜红色，呼出的气体带有杏仁味。病羊很快转入精神沉郁，不久即昏迷死亡。

3. 病理变化

死羊尸僵不全，不易腐败。剖检流出的血液为鲜红色（图2-40），凝固不良。

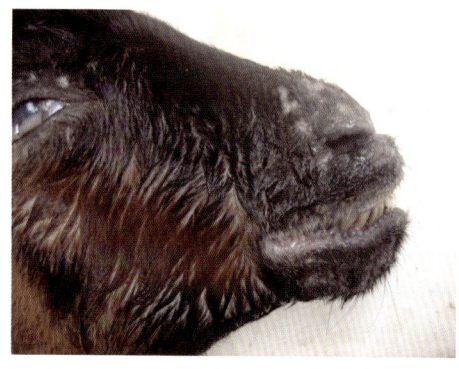
图2-39 羊氢氰酸中毒症状（流涎）

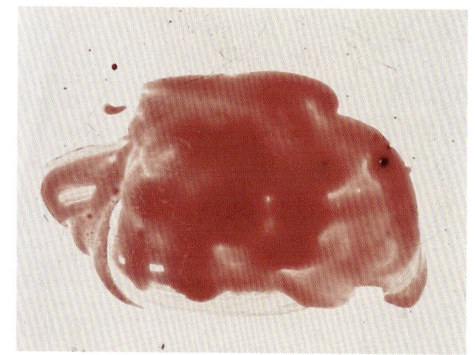
图2-40 羊氢氰酸中毒病变（血液鲜红色）

口腔和鼻孔有粉红色泡沫，胃肠黏膜充血和出血，上呼吸道黏膜和肺脏也有不同程度的出血点或出血斑。

4. 诊断

根据发病史、临床症状和病理变化可做出初步诊断。

5. 防治

平时放牧时禁止羊吃到含有氰苷配糖体的作物，用高粱苗、玉米苗等作饲料时要经水浸24小时后再喂，并要限量采食。

发病后要使用解毒药进行治疗。采用1%的亚硝酸钠溶液加静脉注射（按每千克体重6~10毫升），3~5分钟后再静脉注射5%的硫代硫酸钠溶液（按每千克体重1~2毫升）。此外，也可使用25%葡萄糖溶液100~200毫升及5%维生素C 10~15毫升进行静脉注射，或用1%亚甲蓝溶液（按每千克体重1毫升）进行肌内注射或静脉注射也有一定效果。

三、羊呼吸道性疾病诊治

羊场常见羊出现喘气、咳嗽、流鼻涕等呼吸道病症。有多种羊病会导致羊出现呼吸道病症，包括山羊传染性胸膜肺炎、羊支原体肺炎、羊鼻内腺瘤、羊肺线虫病及羊感冒等。

（一）羊传染性胸膜肺炎

羊传染性胸膜肺炎是由丝状支原体山羊亚种引起的一种山羊高度接触性传染病。临床上以高热、咳嗽，肺脏和胸膜发生浆液性和纤维素性炎症为特征，急性或慢性经过，病死率较高。

1. 病原

本病病原为丝状支原体山羊亚种。培养基上呈油煎蛋形状（中央乳头状突起，中心脐明显），显微观察呈多形性，球杆状或丝状。革兰染色阴性，姬姆萨染色多呈蓝紫色或淡蓝色。该类菌对理化因素的抵抗力不强，56℃时经40分钟，能达到杀菌目的。

2. 流行特点

丝状支原体山羊亚种只感染山羊，尤其是3岁以下的山羊。本病在冬春季节发病率高，常形成地方流行性。本病主要经呼吸道感染，也可经母羊垂直传播。

3. 临床症状

病羊表现发热，咳嗽，呼吸困难，鼻流浆液性或脓性分泌物（图3-1），严重的可导致眼结膜发炎粘连（图3-2）。病羊往往精神沉郁、吃食减少，

图3-1 羊传染性胸膜肺炎症状（鼻流脓性分泌物）

怀孕母羊易流产，有的病羊会并发口腔溃疡或发生瘤胃臌气现象。用药治疗后遇天气转变或淋雨后易复发。本病可严重影响羊的生长速度。

4. 病理变化

剖检可见胸腔积液，一侧或两侧的肺脏出现不同程度的肉样病变或粘连（图3-3），严重时在肺脏表面可出现纤维素性渗出（图3-4）。此外，鼻甲骨、气管等上呼吸道也有不同程度的充血、出血（图3-5）。个别并发眼炎病变。

 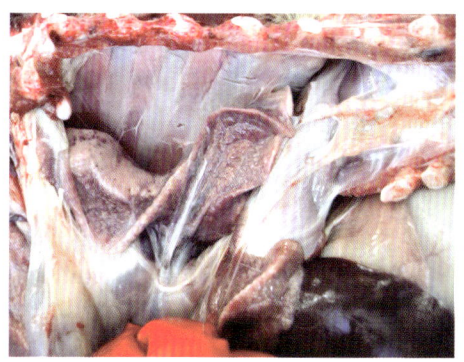

图 3-2　羊传染性胸膜肺炎症状（眼结膜发炎粘连）　　图 3-3　羊传染性胸膜肺炎病理变化（肺脏肉样病变和粘连）

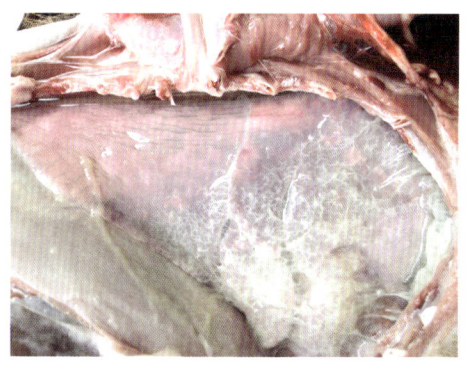 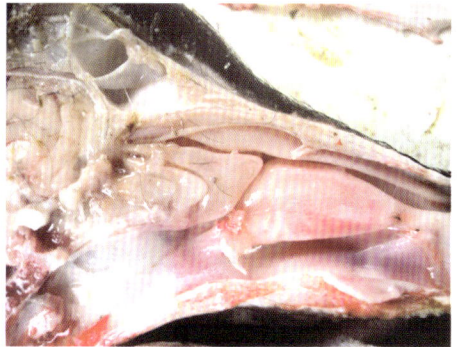

图 3-4　羊传染性胸膜肺炎病理变化（肺脏表面纤维素性渗出）　　图 3-5　羊传染性胸膜肺炎病理变化（上呼吸道黏膜不同程度充血、出血）

5. 诊断

根据流行病学、症状及病理变化可做出初步诊断，必要时进行支原体的分离培养和鉴定。在临床上，本病还需与羊支原体肺炎、巴氏杆菌病、链球菌病进行鉴别诊断。值得注意的是，本病常与羊支原体肺炎、巴氏杆菌病、链球菌病等并发感染。

6.防治

一方面要加强饲养管理,提倡自繁自养,在引种时防止引入病羊或带菌病羊,在气候发生转变时做好环境的调节工作。另一方面,要根据羊群或本病流行情况适当地安排山羊传染性胸膜肺炎灭活疫苗免疫工作,大羊每只接种5毫升,小羊每只接种3毫升,有一定预防效果。对病羊要隔离治疗,所使用的药物有很多,可肌内注射林可-壮观霉素、恩诺沙星、氟苯尼考、硫酸卡那霉素、丁胺卡那霉素、盐酸土霉素、酒石酸泰乐菌素、替米考星以及磺胺嘧啶钠等注射液,均有一定的效果。治疗时要连续几天用药,并采取必要的对症治疗措施。遇到天气转变时,这些病羊有可能还会复发,需做好防范工作。

(二)羊支原体肺炎

羊支原体肺炎是由多种支原体引起的一种羊呼吸道传染病。临床上以咳嗽、流鼻涕为主要症状,常呈地方性流行,绵羊与山羊都易感。

1.病原

本病病原为绵羊支原体、丝状支原体山羊亚种、山羊支原体山羊亚种等。菌体呈多形性,多为球杆状或丝状,革兰阴性。培养基上呈油煎蛋形状。本菌对理化因素的抵抗力不强,56℃时经40分钟,能达到杀菌目的。

2.流行特点

本病一年四季均可发生,在冬春季节发病率高,常形成地方流行性。不同品种羊都会感染发病,其中绵羊支原体对山羊和绵羊均有致病作用;丝状支原体、山羊支原体只感染山羊。不同日龄羊均会感染,幼龄羊更易感染发病。主要经呼吸道感染,也可经母羊垂直传播。本病的病原常在羊群中隐性感染,在饲养管理不良和气候骤变时暴发。

3.临床症状

根据病程可把症状分为急性型和慢性型。

①急性型。病羊表现发热,鼻部有浆液性分泌物流出(图3-6)。初期有湿性咳嗽,后期为干性咳嗽。病羊呼吸困难,腹部胀大。食欲减少,体况消瘦,有的出现腹泻症状。病理持续1~2周,病重的会导致死亡。

②慢性型。病羊表现咳嗽,鼻部流浆液性分泌物,食欲减少,行动缓慢,体况消瘦(图3-7)。有些病例可见眼睑粘连或眼分泌物多。

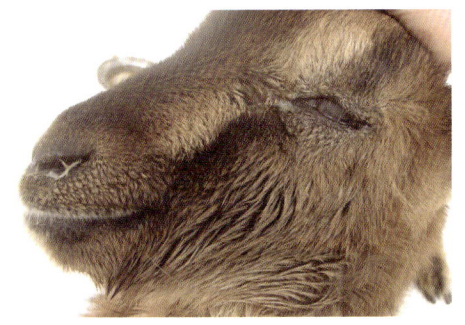 

图3-6 羊支原体肺炎症状（鼻部浆液性分泌物）　　图3-7 羊支原体肺炎症状（体况消瘦）

4. 病理变化

急性型和慢性型的病理变化比较相似。主要表现一侧或两侧的肺脏出现不同程度的肉样病变（图3-8），严重的肺脏与肋骨粘连（图3-9），胸膜增厚，胸腔有黄色积液，气管和支气管充血、出血，鼻甲骨充血、出血。个别病例并发结膜炎病变。

 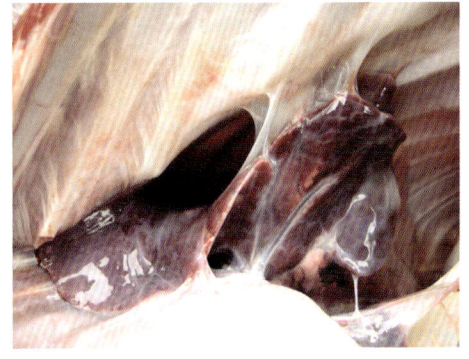

图3-8 羊支原体肺炎病理变化（肺脏肉样病变）　　图3-9 羊支原体肺炎病理变化（肺脏与肋骨粘连）

5. 诊断

根据流行病学、临床症状及病理变化可做出初步诊断。必要时进行支原体的分离培养和聚合酶链反应试验鉴定。在临床上，本病还需与山羊传染性胸膜肺炎、巴氏杆菌病、链球菌病进行鉴别诊断。

6. 防治

预防上要加强饲养管理，提倡自繁自养，做好种羊的支原体净化工作。此外，根据羊群或本病流行情况适当安排羊支原体肺炎灭活疫苗免疫接种工作。

对病羊要隔离治疗，使用的药物及方法参见羊传染性胸膜肺炎的防治方法。

（三）羊鼻内腺瘤

羊鼻内腺瘤是绵羊和山羊鼻腔的一种肿瘤性疾病，即在羊鼻腔中的筛骨黏膜出现腺瘤。临床上以慢性发作、流大量黏液性鼻液及鼻腔内出现腺瘤为特征。

1. 病原

本病病原鼻内肿瘤病毒隶属于逆转录病毒科的 β 属，病毒粒子呈圆形，直径约 100 纳米。从绵羊鼻腔分离的病毒（ENTY-1）与从山羊鼻腔分离的病毒（ENTV-2）在基因上有所差异。

2. 流行特点

法国（1966 年）、印度（1980 年）和西班牙（1985 年）等国家曾报道本病。我国于 1995 年首先在内蒙古报道本病的存在，后在湖南、四川、陕西、福建、重庆等地也有本病的报道。近年来，本病有逐渐增多趋势。本病主要感染山羊，有时绵羊也可感染，不同日龄羊一年四季均可发生。多见于气候转变或淋雨感冒后，呈慢性发作。在羊群中具有明显的传染性，传播速度较慢，病程长，个别的长达一年。

3. 临床症状

病羊精神沉郁，被毛粗乱，逐渐消瘦，无明显体温反应。鼻孔流出大量稀薄的黏液（图 3-10），有时流带泡黏液，有时鼻液带血丝，随后流出大量浆液性鼻液。鼻孔周围常有鼻痂附着，有时嘴巴流白沫（图 3-11）。病羊呼吸困难或鼻塞音，严重时张口呼吸。额骨变薄，局部骨骼变软或凹陷，羊角松动。有时眼球凸出（图 3-12），个别病羊视力减退或丧失，走路容易

图 3-10　山羊鼻内腺瘤症状（鼻流大量稀薄黏液）

摔倒。用一般抗生素或磺胺类药物治疗无明显疗效，个别即使有轻微效果，但过一段时间又复发。最后病羊呼吸极度困难，食欲废绝，全身极度消瘦，衰竭死亡。本病病程长，可持续 2~3 个月时间。羊群多呈零星发病，总发病率达 5%~40%，致死率达 90%。

 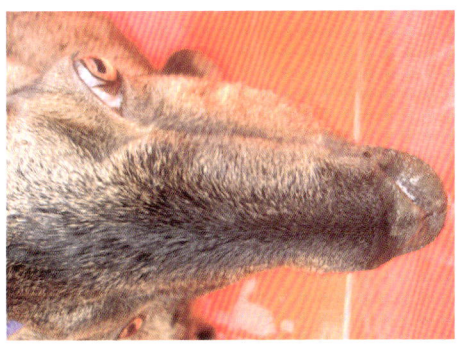

图 3-11 山羊鼻内腺瘤症状（嘴巴流白沫）　　图 3-12 山羊鼻内腺瘤症状（眼球凸出）

4. 病理变化

病理变化主要集中在上呼吸道，鼻甲骨出血（图 3-13），筛骨被压迫萎缩，鼻腔中出现 1 个起源于筛骨迷路黏膜的黏液或浆液腺瘤，长度 2~10 厘米不等（图 3-14、图 3-15），呈结节状或类圆柱状，周围无包膜，外观为粉红色，表面不平，质地较软较脆。肿瘤可沿鼻腔生长，压迫筛骨和筛骨迷路，甚至压迫鼻甲骨。鼻甲骨、筛骨、蝶骨、额骨变软、额窦和角窦内有积液或胶冻样物渗出（图 3-16）。有的额骨上有凹陷。个别病例在喉头、气管有不同程度充血、出血病变（图 3-17）。全身内脏器官除了出现不同程度萎缩和淤血外，无明显病变。

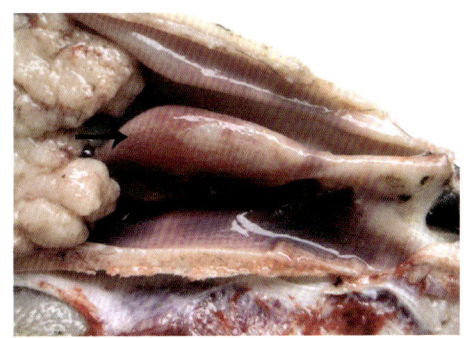

图 3-13 山羊鼻内腺瘤病理变化（鼻甲骨出血）

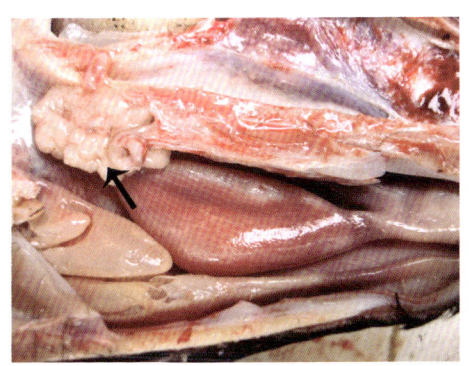 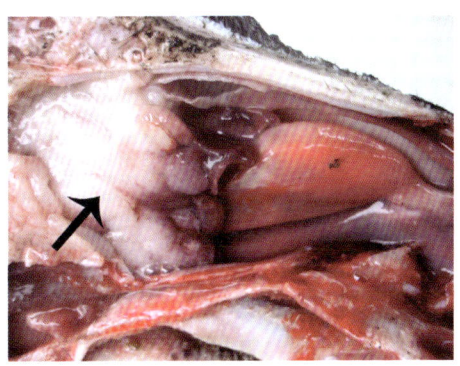

图 3-14 山羊鼻内腺瘤病理变化（鼻腔小黏液腺瘤）　　图 3-15 山羊鼻内腺瘤病理变化（鼻腔大黏液腺瘤）

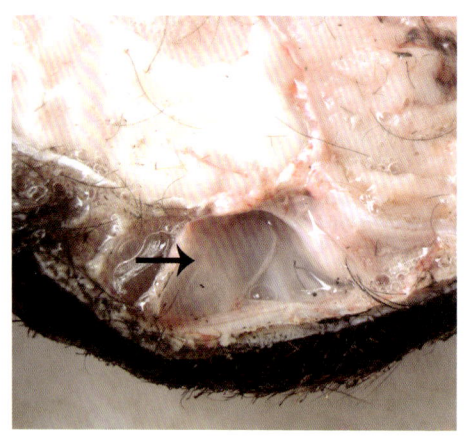 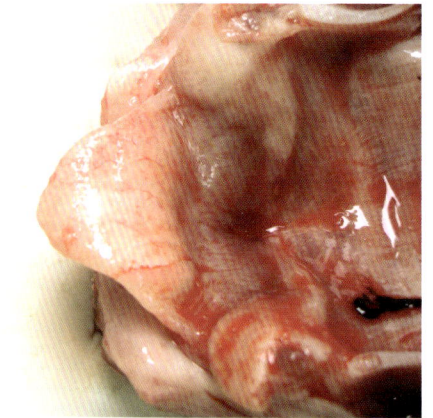

图 3-16　山羊鼻内腺瘤病理变化（额窦内有积液）　　图 3-17　山羊鼻内腺瘤病理变化（喉头、气管出血）

5. 诊断

根据发病率低、致死率高、鼻流黏液性鼻液、鼻腔内的筛骨萎缩和鼻腔出现 1 个无包膜腺瘤可做出初步诊断。必要时可取鼻腔内肿瘤增生物进行病理切片诊断。其中，黏液腺瘤细胞多为柱状，胞浆淡红色，空网状，胞核呈椭圆形、位于细胞基部；浆液腺瘤多呈立方状，胞浆红染，胞核呈圆形、位于细胞中部，其体积大小和染色深浅不完全一致，染色质为细粒状，有些可见一个核仁。有些病例的腺瘤会发生恶变，瘤细胞异型性明显，体积增大并见核分裂像。如有条件，可取病变组织或鼻分泌物进行相关病毒的聚合酶链反应试验，或进行血清学诊断。在临床上，本病需与羊小反刍兽疫、传染性胸膜肺炎、支原体肺炎等进行鉴别诊断。

6. 防治

目前对本病尚无有效的预防和治疗方法。原则上病羊要采取隔离淘汰。对症状较轻或无法判定的病例，可选用氟苯尼考注射液、硫酸卡那霉素注射液、磺胺间甲氧嘧啶钠注射液进行肌内注射，若治疗效果不佳，要及时采取淘汰和无害化处理。

（四）羊肺线虫病

羊肺线虫病是由网尾科和原圆科中一些线虫寄生在羊（牛、骆驼等反刍动物也可感染）的气管、支气管、细支气管乃至肺实质引起的一种寄生虫病。

1. 病原

本病病原为网尾科网尾属和原圆科缪勒属的多种线虫。网尾科的线虫，虫体较大，其引起的疾病又称大型肺线虫病；原圆科的虫体较小，其引起的疾病又称小型肺线虫病。这里仅介绍常见的网尾科网尾属的丝状网尾线虫。丝状网尾线虫的虫体呈乳白色丝线状，口囊小，口缘具4个小唇片。交合伞的前侧肋独立、中、后侧肋融合，外背肋独立，背肋分为2支，每支末端又分为2~3个小支，交合刺黄褐色，为等长短粗的靴状多孔性构造。有一个多泡性构造的椭圆形引器。雄虫长30毫米，融合的中、后侧肋末端分叉。雌虫长35~44毫米。阴门位体中部。卵胎生，虫卵无色，椭圆形，大小为（120~130）微米×（70~90）微米，内含一幼虫。

2. 流行特点

丝状网尾线虫对成年羊易感性比较强，蚯蚓可作为其储藏宿主。雌虫在肺部产卵后经咽部进入胃肠道而排出，发育出的幼虫在野外被终末宿主吞食后经血液循环再到肺脏发育为成虫。原圆科线虫的虫卵和幼虫排出后需在中间宿主陆地螺或淡水螺体内发育为感染性幼虫，而网尾科线虫的虫卵可直接发育为感染性幼虫。

3. 临床症状

羊群的主要症状是咳嗽。先是个别羊发生咳嗽，继而成群发作，尤其是在羊只被驱赶和夜间休息时尤为明显，咳出的痰液较浓稠。病羊逐渐消瘦，被毛干枯，贫血，头胸部和四肢水肿，呼吸困难、频率加快，体温一般不高。当病情加剧和接近死亡时，呼吸困难进一步加剧，并伴有干咳，迅速消瘦，最终死于肺炎或者并发症。羔羊一般症状较为严重。如果网尾科线虫和原圆科线虫同时感染，会造成羊群大量死亡。

4. 病理变化

病死羊尸体消瘦，贫血。气管、支气管中有黏性或脓性并混有血丝的分泌物，分泌物中有白色线虫。支气管黏膜有不同程度出血点。肺脏表面隆起，呈灰白色，有不同程度的肺气肿和肺脏膨胀不全。切开支气管，可见丝状虫体（图3-18）。原圆科线虫可引起灶状支气管肺炎。

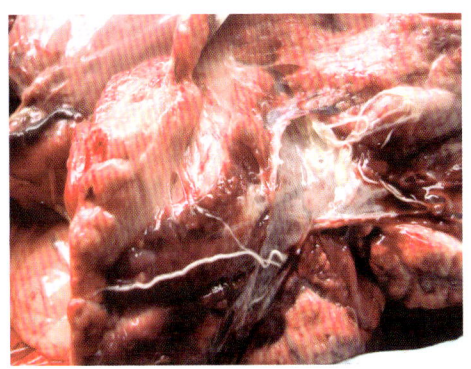

图3-18 羊肺线虫病病理变化（肺支气管内白色线虫）

5. 诊断

根据在粪便中检出带幼虫虫卵，

或在鼻分泌液中检出带幼虫虫卵，可做出确诊。至于是哪一种肺线虫，需进一步对虫体进行形态学鉴定。

6. 防治

在该病流行区内，每年应对羊群进行4~6次预防性驱虫，如发现病羊，应及时隔离治疗。驱虫治疗期应收集粪便进行无害化处理。有条件的地区，可实行轮牧。

治疗时可选用下列药物：阿苯达唑（按每千克体重10~15毫克，内服），芬苯达唑（按每千克体重5毫克，内服），左旋咪唑（按每千克体重8~10毫克，内服），阿维菌素或伊维菌素（按每千克体重0.2毫克，内服或者皮下注射）。也可向气管内注射聚维酮碘制剂进行治疗。

（五）羊感冒

羊感冒是由于气候突变或养殖场内外环境改变而引起的以上呼吸道病变为主的急性全身性发热疾病。临床上以体温升高、咳嗽、流鼻液为主要特征。

1. 病因

①羊只由于受凉（如天气骤变、雨淋、羊群药浴、绵羊剪毛等）发病。

②饲料、饲养环境中出现尘埃、湿气、霉菌、狐尾草、大麦芒等刺激羊上呼吸道而引起感冒。

③长途运输或患病后导致羊只抵抗力下降，易诱发感冒。

2. 临床症状

病羊精神萎靡，被毛粗乱。鼻有分泌物，初为清鼻涕，后变为黄色黏稠的鼻涕（图3-19）。常打喷嚏、擦鼻、摇头。耳尖和鼻端发凉，肌肉震颤，眼结膜潮红、呈现不同程度肿胀，羞明流泪，鼻镜干燥，体温升高到40~41℃。食欲和反刍减少或废绝，呼吸加快，脉搏稀疏。病程7~10天。

3. 病理变化

鼻黏膜充血、肿胀，上呼吸道有黏性分泌物（图3-20），气管和支气管有大量泡沫样分泌物，肺脏淤血。严重时肺部可见纤维性渗出物。

4. 诊断

根据发病史、临床症状可做出初步诊断。

5. 防治

预防上加强饲养管理，防止羊只受寒，注意保暖，保持环境清洁卫生，提高羊只抵抗力。病初以解热镇痛、祛风散寒为主。可肌内注射复方氨基比林和青霉素，

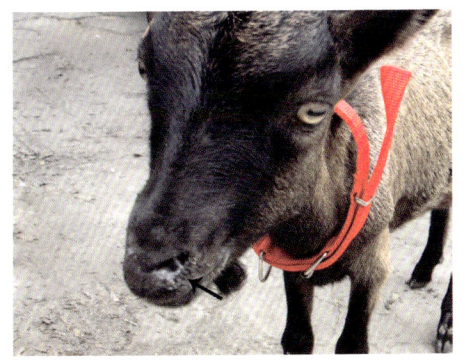 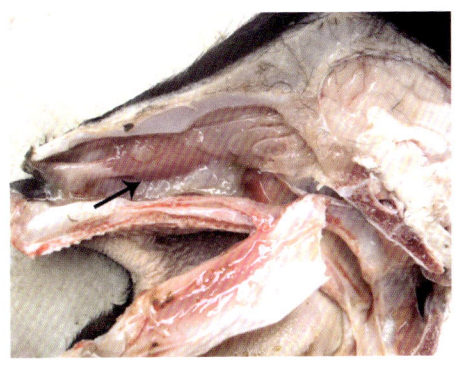

图 3-19 羊感冒症状（鼻腔流黄色黏稠分泌物）　　图 3-20 羊感冒病理变化（上呼吸道黏性分泌物）

也可采用中药如柴胡、鱼腥草、穿心莲等注射液配合青霉素进行肌内注射，每天 2 次，连用 2~3 天为 1 个疗程。对病重的羊，可选用盐酸林可霉素、盐酸大观霉素、硫酸卡那霉素、头孢噻呋钠、磺胺间甲氧嘧啶钠等药物，并配合使用地塞米松进行治疗。此外，可采用中药加减杏苏饮进行治疗，组方为：桔梗、紫苏、半夏、陈皮、前胡、枳壳、茶叶、荆芥穗各 12 克，茯苓、杏仁各 6 克，甘草、生姜各 9 克。此方加水 500 毫升，煎煮 30 分钟，凉后灌服，每天 1 剂，连用 3 天。

四、羊消化障碍性疾病诊治

羊消化障碍性疾病是养羊场常见疾病，种类较多，也较复杂。其中以腹泻症状最常见，包括由病毒导致的疾病（如小反刍兽疫）、细菌导致的疾病（如羔羊大肠杆菌病和沙门菌病）、寄生虫导致的疾病（如羊片形吸虫病、列叶吸虫病、捻转血矛线虫病、毛圆线虫病、食道口线虫病、鞭虫病、绦虫病、球虫病、隐孢子虫病）。此外，由饲养管理不良导致的疾病（如羊口炎、食道阻塞、前胃弛缓、瘤胃积食、瘤胃臌气、瓣胃阻塞、胃肠炎、瘤胃酸中毒等）也是常发疾病。

（一）羊小反刍兽疫

羊小反刍兽疫是由小反刍兽疫病毒引起的羊急性、烈性、接触性传染病，又称羊瘟，主要感染山羊、绵羊及一些野生小反刍动物，临床上以发热、口炎、腹泻、肺炎为特征，被列为必须通报的一类动物疫病。

1. 病原

本病病原小反刍兽疫病毒属于副黏病毒科麻疹病毒属。该病毒只有1个血清型。病毒颗粒呈多形性，多为圆形或椭圆形，直径130~390纳米。本病毒对酒精、乙醚和一些去垢剂敏感，乙醚在4℃时经12小时可将其灭活。大多数化学消毒剂如酚类、2%氢氧化钠等作用24小时可以灭活本病毒。

2. 流行特点

传染源主要为患病动物和隐性感染动物，处于亚临床状态的病羊尤其危险。病畜的分泌物和排泄物是主要的传染源。可直接或间接接触方式传播，其中以呼吸道为其主要感染途径。病毒也可经人工授精及胚胎移植传播。主要感染山羊、绵羊、野羊等小反刍兽，但不同品种的羊敏感性有差别，通常山羊比绵羊更易感，猪和牛也可感染小反刍兽疫，但通常无临床症状。本病一年四季均可发生，在多雨季节和干燥寒冷季节多发。

3. 临床症状

在临床上可分为急性型和慢性型。急性型多为急性发作，潜伏期4~5天，病羊体温升高至41℃，烦躁不安，食欲减退，精神沉郁（图4-1），鼻流浆液性（图4-2）或脓性鼻液（图4-3），并有咳嗽等症状。口腔黏膜可见小面积坏死，有的口腔吐白泡（图4-4），有的出现严重的卡他性结膜炎（图4-5），并导致眼睑粘连（图4-6）。羊群出现非出血性顽固性腹泻（图4-7）、脱水，用一般的抗生素和磺胺类药物治疗均无效果。怀孕母羊出现大面积流产（图4-8）。病程持续5~10天。本病在羊群中传播迅速，发病率可达100%，病死率30%~80%。慢性型多为急性型的后期，病程可持续15~30天，病羊表现流鼻涕、顽固性腹泻或间歇性腹泻、消瘦衰竭，死亡率相对较低些。

图4-1 小反刍兽疫症状（精神沉郁）

图4-2 小反刍兽疫症状（鼻流浆液性分泌物）

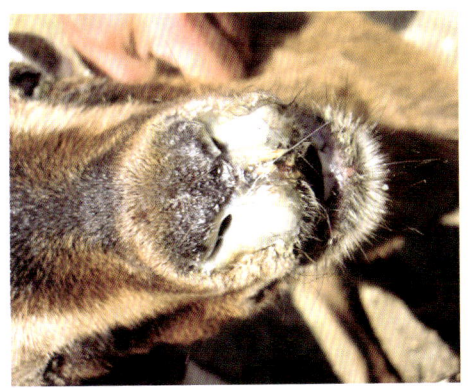

图4-3 小反刍兽疫症状（鼻流脓性分泌物）

图4-4 小反刍兽疫症状（口腔流白沫）

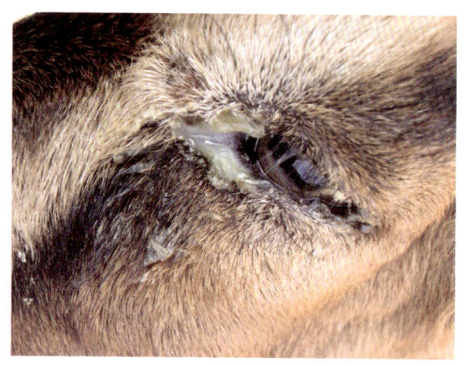 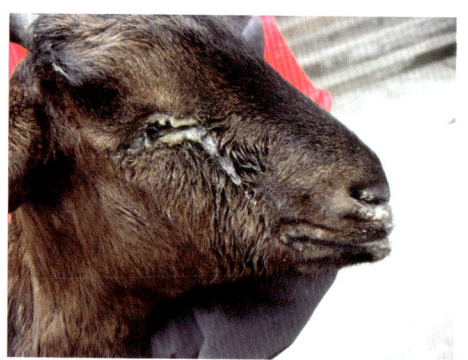

图4-5 小反刍兽疫症状（卡他性结膜炎） 图4-6 小反刍兽疫症状（眼睑粘连）

 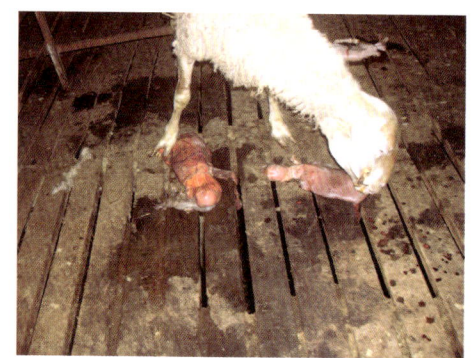

图4-7 小反刍兽疫症状（顽固性腹泻） 图4-8 小反刍兽疫症状（母羊大面积流产）

4. 病理变化

病死羊口腔黏膜糜烂坏死（图4-9），黏膜表面形成一层灰白色坏死假膜，齿龈糜烂、坏死、出血（图4-10、图4-11）。鼻甲骨出血严重（图4-12），喉头、

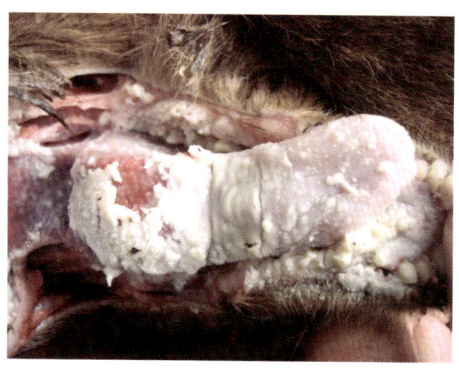 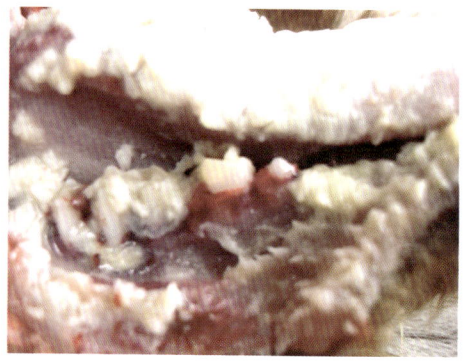

图4-9 小反刍兽疫病理变化（口腔黏膜糜烂坏死） 图4-10 小反刍兽疫病理变化（齿龈糜烂、坏死、出血）

气管有出血斑，肺脏出现支气管肺炎或局灶性肺炎（图4-13）。皱胃出现出血（图4-14）或糜烂病变，但瘤胃、网胃、瓣胃很少出现病变，有时在皱胃的浆膜层也有出血斑（图4-15）。小肠和大肠的浆膜层有时有出血斑，肠内黏膜糜烂、出血，在结肠和直肠结合处黏膜呈特征性线状或斑马样出血条纹（图4-16）。淋巴结肿大，脾脏肿大，并有坏死性病变。肝脏肿大，胆囊肿大（图4-17）。此外，个别有结膜炎病变。

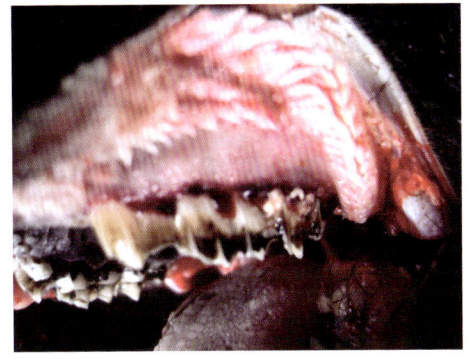

图4-11 小反刍兽疫病理变化（齿龈出血）

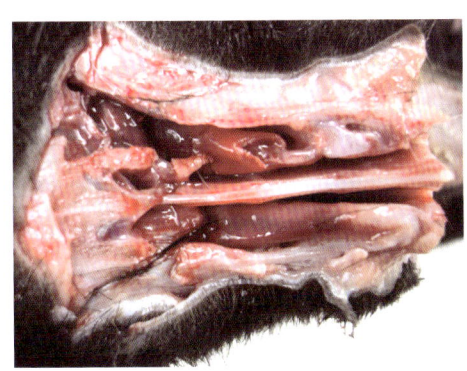

图4-12 小反刍兽疫病理变化（鼻甲骨严重出血）

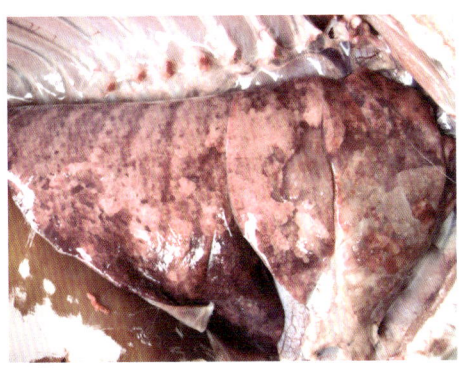

图4-13 小反刍兽疫病理变化（肺脏局灶性肺炎）

图4-14 小反刍兽疫病理变化（皱胃出血）

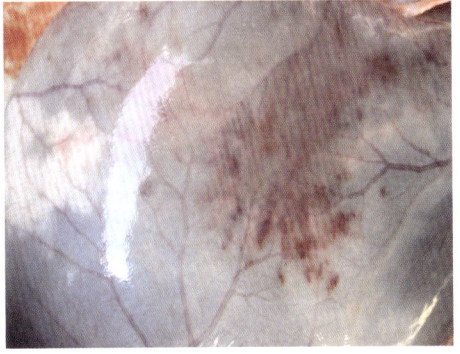

图4-15 小反刍兽疫病理变化（皱胃浆膜层出血斑）

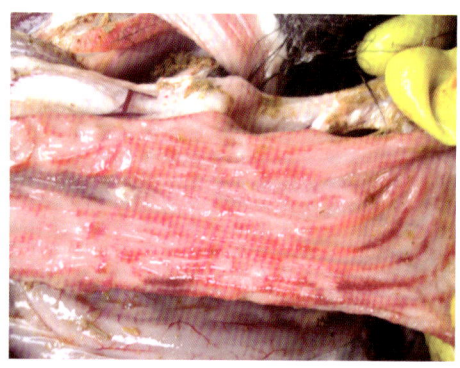 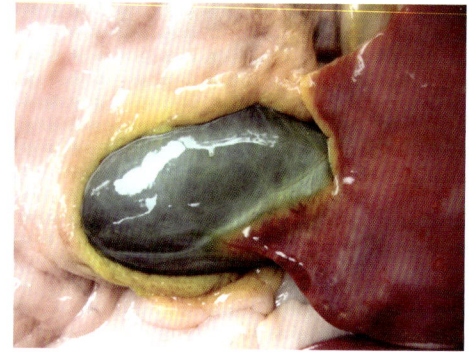

图4-16 小反刍兽疫病理变化（大肠呈线状出血条纹） 图4-17 小反刍兽疫病理变化（胆囊肿大）

5. 诊断

根据流行病学、临床症状、病理变化和组织学特征可做出初步诊断。结合病毒分离培养、病毒中和试验、酶联免疫吸附试验和聚合酶链反应试验可确诊。

6. 防制

目前按照我国政府规定，养羊场强制接种免疫小反刍兽疫疫苗，每年1~2次。此外，养羊场要加强饲养管理，提倡自繁自养，加强日常消毒和隔离，加强检疫检验，不到疫区引种羊。

本病属于一类传染病。任何单位或个人发现疑似疫情时，应立即向当地兽医主管部门报告，并按照《小反刍兽疫防治技术规范和应急预案》要求采取隔离、消毒等措施。一旦确诊，坚决扑杀，彻底消毒，严格封锁，防止扩散。同时对疫区内其他假定健康羊群及受威胁羊群加强疫苗紧急接种。

（二）羔羊大肠杆菌病

羔羊大肠杆菌病又称羔羊大肠杆菌性腹泻或羔羊白痢，是由致病性大肠杆菌引起的一种羔羊急性传染病。临床上以腹泻或败血症为主要特征。

1. 病原

本病病原致病性大肠杆菌革兰阴性，两端钝圆，大小为（1.1~1.5）微米×（2.0~6.0）微米。菌体单在或成对排列。多数菌株有荚膜和鞭毛，有众多血清型。对外界抵抗力不强，一般常用消毒药均能迅速将其杀死。

2. 流行特点

本病多见于出生后至 6 周龄的羔羊。有的地方也见于 3~8 个月龄小羊。放牧的羊少见，舍饲的羊多见。本病与气候不良、初乳不足、羊舍场所污染等因素关系较大。

3. 临床症状

据症状可分为败血型和肠炎型两种。

①败血型。多见于 2~6 周龄羔羊，常有神经症状，四肢关节肿胀、疼痛，病程短，多见于发病 4~12 小时内死亡。

②肠炎型。多见于产后 2~8 天的新生羔羊，主要表现起卧不安，腹泻严重，排黄白色稀粪（图 4-18），脱水衰竭，若不及时治疗可于 1~2 天内死亡。轻度的病例可见排黄色稀粪，黏附于肛门口（图 4-19），及时治疗后多能康复。

图 4-18 羔羊大肠杆菌病症状（腹泻严重，排出黄色稀粪）

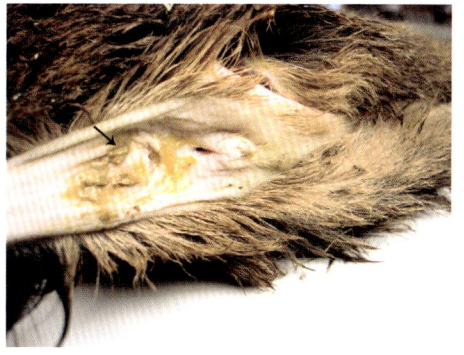
图 4-19 羔羊大肠杆菌病症状（黄色稀粪黏附于肛门口）

4. 病理变化

①败血型。胸腔、腹腔、心包内有大量积液，并有纤维素性物质渗出。关节肿大，脑膜充血出血。

②肠炎型。皱胃、小肠、大肠黏膜充血出血。瘤胃和网胃黏膜脱落，皱胃内充满白色内容物（图 4-20），小肠内充满黏液和气泡（图 4-21）。

5. 诊断

根据流行病学、临床症状和病理变化可做出初步诊断。必要时可取病羊的内脏或胃肠内容物进行细菌分离鉴定。在临床上，本病需注意与羔羊痢疾、羊沙门菌病进行鉴别诊断。

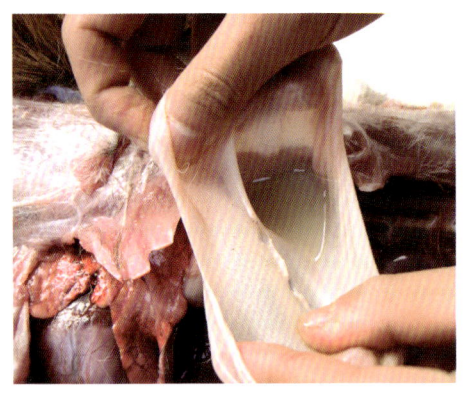 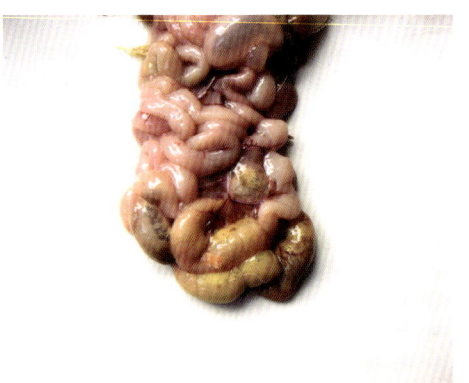

图 4-20 羔羊大肠杆菌病病理变化（皱胃内充满白色水样内容物） 图 4-21 羔羊大肠杆菌病病理变化（小肠内充满黏液和气泡）

6. 防治

平时加强饲养管理，做好羊舍环境卫生。发病时可使用盐酸土霉素、硫酸新霉素、磺胺类等药物进行内服治疗，同时还要配合肌内注射恩诺沙星、磺胺类等药物，以及输液等对症治疗。

（三）羊沙门菌病

羊沙门菌病又称羊副伤寒，是由肠杆菌科沙门菌属中的鼠伤寒沙门菌、都柏林沙门菌和羊流产沙门菌引起的一种羊细菌性传染病。

1. 病原

本病病原属于肠杆菌科沙门菌属中的几个成员，形态呈直杆状，大小（0.7~1.5）微米×（2.0~5.0）微米。有鞭毛，能运动。本菌对热、各种消毒药、外界环境条件抵抗力强，也易产生耐药性。

2. 流行特点

各种年龄羊均可感染本病，其中以断奶后的羔羊和怀孕后期母羊较易感。一年四季均可发生，其中羔羊常见于夏季和早秋季节发病，怀孕母羊常见于晚冬和早春季节发病。舍饲的羊较放牧羊易发。各种不良环境应激因素（如卫生不良、拥挤、运输、寄生虫病困扰等），均易促使本病的发生。

3. 临床症状

①下病型。多见于羔羊，主要表现精神沉郁、体温升高和腹泻症状，排出的稀粪带血和带黏液（图 4-22），伴有恶臭。若治疗不及时，可在 1~5 天内死亡。

发病率为30%左右，死亡率为25%左右。

②流产型。多发生于怀孕绵羊的最后2个月，病羊出现流产或产死胎。流产之前，病羊有轻微的体温升高、食欲减退症状。流产之后，羊的阴道有粉红色分泌物流出（图4-23）。严重时可导致母羊死亡。同时在母羊群有一定的传染性，严重时流产率可达60%以上，流产母羊的病死率可达5%~7%。

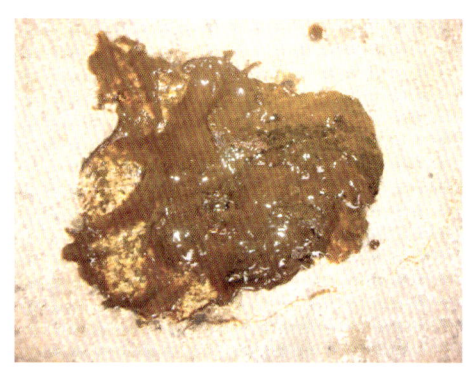 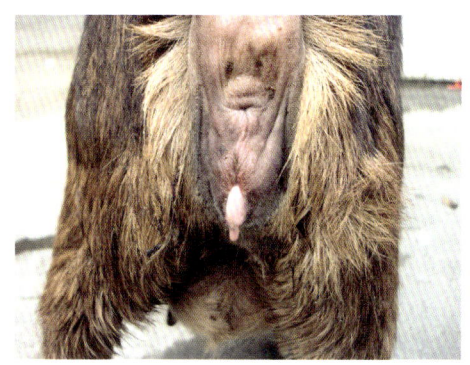

图4-22 羊沙门菌病症状（羔羊排出带黏液稀粪）　　图4-23 羊沙门菌病症状（母羊阴道排出粉红色分泌物）

4. 病理变化

①下痢型。羔羊的后躯常被粪便污染，全身脱水明显，皱胃空虚，小肠内容物稀薄、小肠黏膜充血、出血。

②流产型。流产的胎儿呈败血症病变（皮下组织水肿，肝脏、脾脏肿大和坏死，胎盘水肿出血）。死亡母羊的子宫表现急性子宫炎，子宫内充满炎症组织和滞留胎盘。

5. 诊断

根据流行病学、临床症状及病理变化可做出初步诊断。必要时可取病羊或流产胎儿进行细菌分离鉴定。临床上，本病还需与羔羊痢疾、大肠杆菌病、衣原体病等进行鉴别诊断。

6. 防治

在生产中要加强对羔羊和怀孕母羊的饲养管理，消除各种不良应激因素，发现病羊要及时隔离治疗。病羊可肌内注射氟苯尼考注射液（按每千克体重30毫克）或恩诺沙星注射液（按每千克体重2.5~3毫克）或环丙沙星注射液（按每千克体重2.5~5毫克），也可配合内服盐酸土霉素片或磺胺嘧啶片等进行治疗。对脱水严重的病羊要配合静脉注射抗生素和补液盐等治疗措施，以提高本病的治愈率。

（四）羊片形吸虫病

羊片形吸虫病是由肝片吸虫或大片吸虫寄生于羊（牛等其他反刍动物也会感染）肝脏胆管中而引起的一种常见寄生虫病。临床上多呈慢性经过，病羊表现消瘦、发育障碍、生产力下降。急性感染时引起肝炎和胆管炎，并表现全身性中毒现象和营养障碍，可导致小羊等大批死亡，严重威胁养羊业的发展。

1. 病原

本病病原肝片形吸虫和大片形吸虫，属于片形科片形属。

肝片形吸虫虫体扁平（图4-24），呈两侧对称的叶片状，大小为（21~41）毫米×（9~14）毫米。虫体前端突出呈锥形，基部较宽似"肩"，从肩往后逐渐变窄。虫卵呈椭圆形（图4-25），黄褐色，大小为（133~157）微米×（74~91）微米，前端较窄，有一个不明显的卵盖，后端较钝。卵壳较薄、半透明，卵内充满卵黄细胞和一个胚细胞。

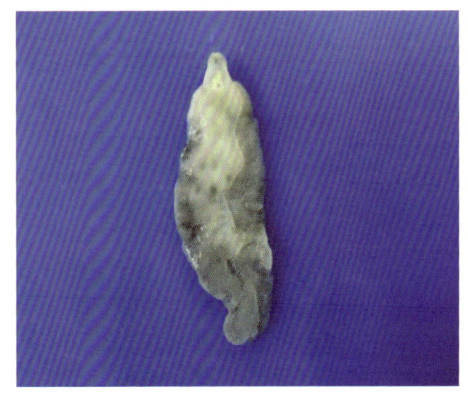 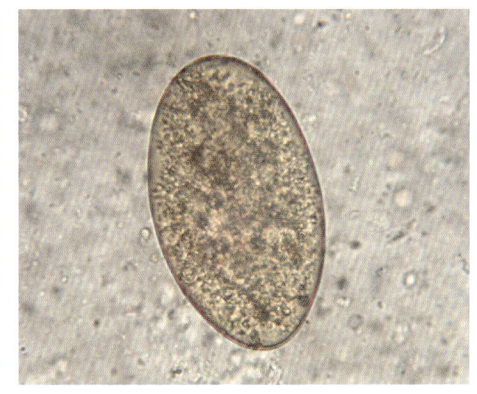

图4-24　羊肝片形吸虫虫体形态　　　图4-25　羊肝片形吸虫虫卵形态

大片吸虫呈长叶状（图4-26），大小为（25~75）毫米×（5~12）毫米。大片吸虫与肝片吸虫的区别在于，虫体前端无明显的头锥突起，肩部不明显；虫体两侧缘几乎平行，前后宽度变化不大，虫体后端钝圆；虫卵呈深黄色（图4-27），大小为（150~190）微米×（75~90）微米。

2. 流行特点

本病多见于有采食水草（受淡水螺污染）的羊，各种日龄均可发生，其中6月龄以上羊多见。具体来说有五大特点：

图4-26 羊大片形吸虫虫体形态

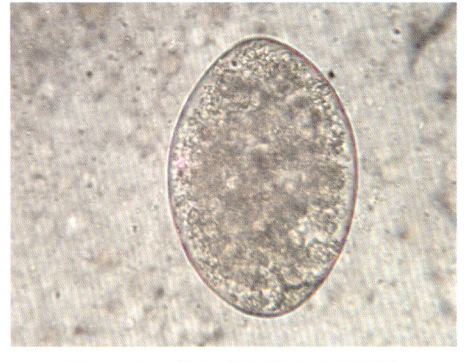
图4-27 羊大片形吸虫虫卵形态

①分布广泛，在世界各地均有存在。

②宿主范围广，除牛羊外，人、猪、马属动物、兔及一些食草野生动物均会感染。

③经口感染是本病的唯一感染途径。

④季节性较强，多见于春末、夏秋季节，这与中间宿主淡水螺在春夏季节大量繁殖有关。

⑤具有较强的地方流行性，特别是在雨水多、地势低、沼泽地带、水田地、溪边放牧的羊易感染本病。

3. 临床症状

临床表现可分为急性型和慢性型两个类型。

①急性型。多见于夏末和秋季。病羊主要表现精神沉郁、体温升高、食欲减少或废绝，拉溏状稀粪或黏液性稀粪（图4-28），可视黏膜苍白（图4-29），肝区触摸有压痛感。多见于出现症状3~5天内死亡。

②慢性型。多见于冬春季节。病羊逐渐消瘦、被毛粗乱、食欲不振、贫血，在眼睑、颌下、胸部、腹部皮肤出现水肿（图4-30），便秘和下痢交替出现，最后因全身衰竭而死亡。感染较轻的病羊也会耐过。

图4-28 羊片形吸虫病症状（拉溏状或黏液性稀粪）

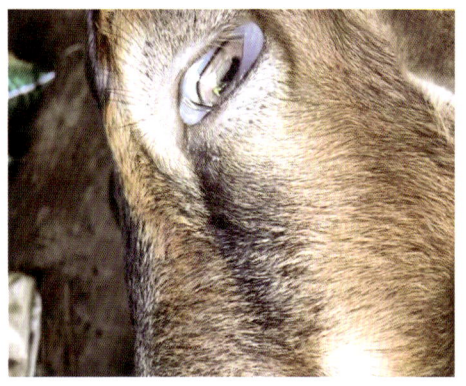 

图 4-29 羊片形吸虫病症状（黏膜苍白）　　图 4-30 羊片形吸虫病症状（颌下皮肤水肿）

4. 病理变化

病死羊可视黏膜苍白，剖开腹腔可见腹水明显增多，肝脏肿大硬化（图 4-31），色泽为暗灰色，肝脏小叶间结缔组织增生（图 4-32），并呈绳索样突出于肝脏表面。有些肝脏表面有干酪样纤维素渗出，并出现肝脏与腹膜粘连（图 4-33）。切开胆囊和胆管可见一些片形吸虫（图 4-34），胆管壁发炎，并有磷酸钙等盐类沉淀。肝脏静脉管腔内聚集数量不等的片形吸虫。皮肤和肠系膜上可见不同程度的胶冻样水肿（图 4-35），个别病羊还可见到肠炎病变。

5. 诊断

粪便检查检出片形吸虫虫卵即可诊断（图 4-36）。也可通过解剖病死羊，在肝脏、胆管内找到片形吸虫的虫体而诊断。此外，还可通过有关免疫学、血清学进行诊断。肝片形吸虫和大片形吸虫在形态上很相似，但也有些不同点，即肝片形吸虫在形态上相对较小、较宽，而大片形吸虫相对较长、较窄。

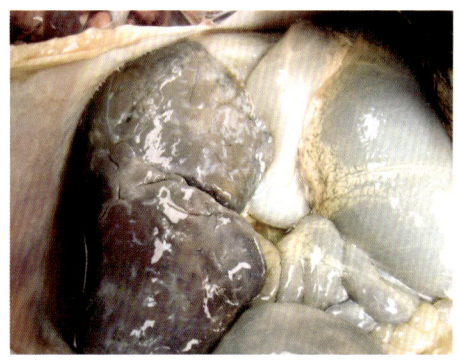 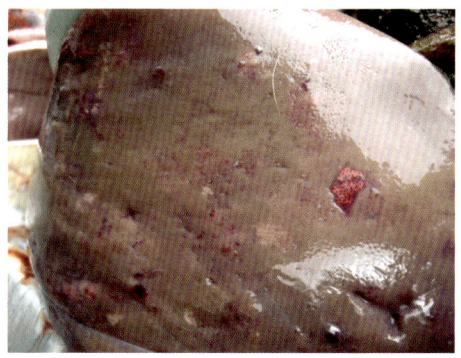

图 4-31 羊片形吸虫病病理变化（腹水增多，肝硬化）　　图 4-32 羊片形吸虫病病理变化（肝脏小叶增生）

图4-33 羊片形吸虫病病理变化(肝脏与腹膜粘连)

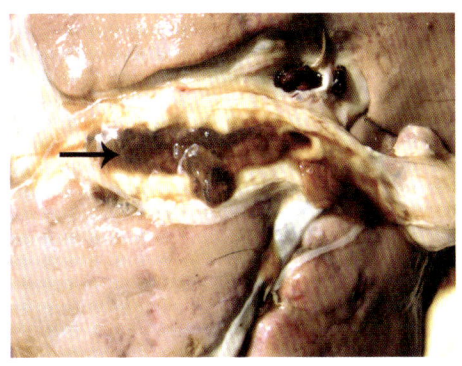
图4-34 羊片形吸虫病病理变化(胆管内寄生片形吸虫)

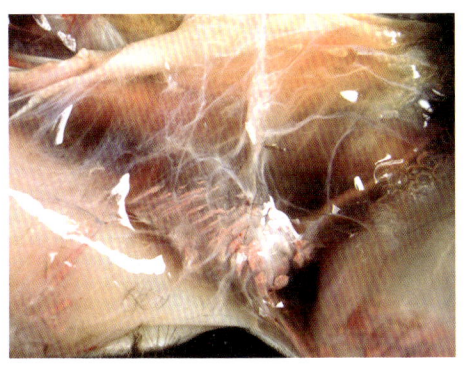
图4-35 羊片形吸虫病病理变化(肠系膜不同程度胶冻样水肿)

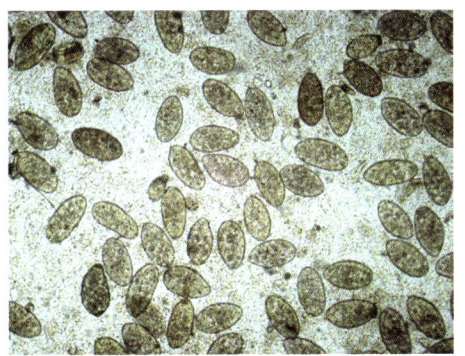
图4-36 粪便中检出片形吸虫虫卵

6. 防治

（1）预防

羊片形吸虫病的预防要从以下4个方面入手：

①定期驱虫。对有本病流行的羊场，每年要对羊群进行4~6次驱虫（每隔2~3月驱1次）。此外，粪检检出片形吸虫的虫卵数量达每克粪便100个以上时，必须予以驱虫。可选用的药物有三氯苯达唑、硝氯酚、碘醚柳胺、溴酚磷、阿苯达唑等。

②粪便的堆积发酵。舍内的粪便要采用堆积发酵的办法来杀灭本病的虫卵，以防止虫卵再次污染牧草和场所。

③消灭中间宿主。在有较多中间宿主淡水螺的地方要经常性采用灭螺措施（包括化学灭螺、生物灭螺或改变牧区水土结构等）。中间宿主淡水螺少了，那么本病也就少了。

④改变饲养方式。尽量选择在地势干燥的地方放牧，少到低洼潮湿地方放牧，采用舍内圈养。

（2）治疗

治疗羊片形吸虫病的药物有很多，主要有以下6种：

①三氯苯达唑。对片形吸虫的成虫、幼虫均有很好的效果，用量为每千克体重5~10毫克，1次灌服。严重的病例可在10天后再次用药。

②硝氯酚。对成虫效果好，用量为每千克体重4~5毫克，1次灌服。本品有一定毒性，不可加量使用。

③溴酚磷。对成虫、童虫均有效，用量为每千克体重16毫克，1次灌服。

④碘醚柳胺。对成虫以及幼虫均有效，用量为每千克体重7.5毫克，1次灌服或肌内注射。

⑤硫双二氯酚。对成虫有效果，用量为每千克体重80~100毫克，1次灌服。

⑥阿苯达唑。广谱驱虫药，对本病的成虫有一定效果，但剂量要大。对童虫效果差，怀孕母羊要慎用。用量为每千克体重30~40毫克，1次灌服。

（五）羊列叶吸虫病

羊列叶吸虫病是由背孔科列叶属中的多种列叶吸虫寄生于羊（牛等反刍动物也可感染）小肠内导致羊出现顽固性或间歇性腹泻的一种寄生虫病。

1.病原

本病病原是背孔科列叶属中的羚羊列叶吸虫、印度列叶吸虫、鹿列叶吸虫等。这里主要介绍羚羊列叶吸虫。

羚羊列叶吸虫虫体呈长叶形，肉眼呈粉红色细小虫体（图4-37、图4-38），两端钝圆，大小为（2.0~2.6）毫米×（0.64~0.68）毫米。子宫回旋于梅氏腺与雄茎囊中部之间，边缘伸出两肠支外，后接子宫末段至生殖孔，内含大量虫卵。虫卵小，不对称（图4-39），大小为（20~24）微米×（12~15）微米，两端具卵丝。

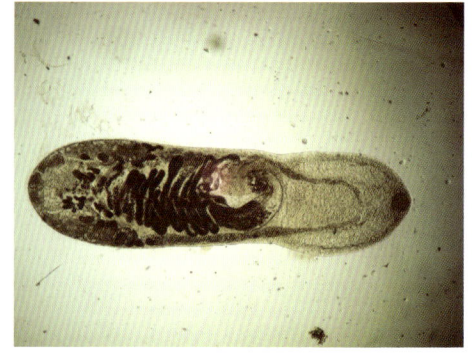

图4-37 羚羊列叶吸虫虫体形态

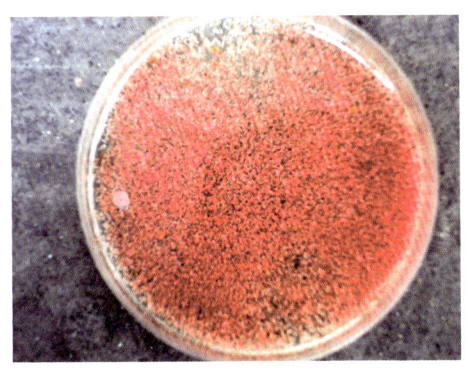 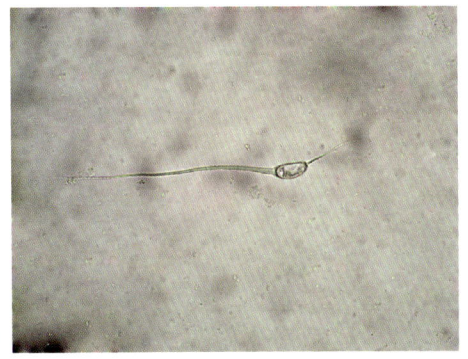

图4-38　羚羊列叶吸虫虫体肉眼形态　　图4-39　羚羊列叶吸虫虫卵形态

2. 流行特点

本病分布较广，在我国南方多地均有分布。印度列叶吸虫可寄生在羊、牛、鹿及熊猫小肠，而羚羊列叶吸虫和鹿列叶吸虫只寄生在山羊和绵羊小肠。本吸虫发育史目前尚未明了，据了解需1个中间宿主，可能与陆地螺有关。一年四季均可感染，以夏秋季节多见。

3. 临床症状

在临床上本病主要表现为急性肠炎或间歇性肠炎，排出的粪便为粥状或水样，黏附于肛门口（图4-40），伴有恶臭，有时排出黏液状粪便。病羊表现精神沉郁、厌食，常倒地不起，个别严重的可导致脱水衰竭死亡。

4. 病理变化

剖检可见皮下脱水、小肠外观呈灰白色，内充满卡他性分泌物（图4-41）。小肠黏膜充血，仔细观察在小肠内容物中可见细小的虫体在蠕动。

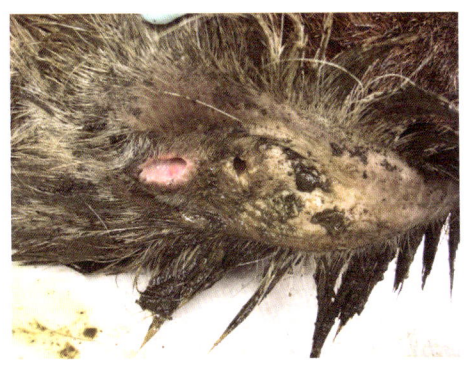 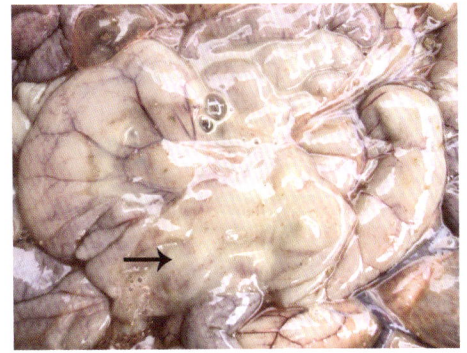

图4-40　羊列叶吸虫病症状（顽固性腹泻）　　图4-41　羊列叶吸虫病病理变化（小肠充满卡他性分泌物）

5. 诊断

挑取小肠内容物或粪便进行镜检，检出特征性丝状虫卵即可确诊（图4-42）。此外，可采用沉淀法采集小肠内容物的成虫，并进行鉴定。

6. 防治

本病的预防一方面要改变饲养方式，减少放牧，避免羊只采食到含该虫囊蚴的牧草而被感染；另一方面定期使用硫双二氯酚、阿苯达唑、吡喹酮、氯硝柳胺等药物进行预防性驱虫。

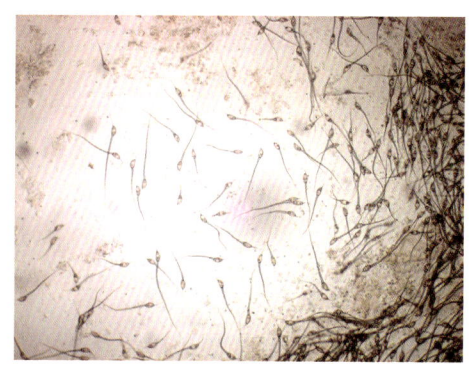

图4-42 粪便中精子样虫卵

本病的治疗可使用硫双二氯酚（按每千克体重80毫克拌料或灌服）或阿苯达唑（按每千克体重30毫克拌料或灌服），疗效较好。用药后间隔2个月还要重复用药。

（六）羊捻转血矛线虫病

羊捻转血矛线虫病是由毛圆科血矛属的捻转血矛线虫寄生在羊（牛、骆驼等也可感染）的皱胃、小肠内引起的一种寄生虫病。

1. 病原

活体的羊捻转血矛线虫雄虫为淡红色（图4-43），雌虫为红白相间。虫体的体表分布有纵纹和横纹，具有退化的口囊，其内有一角质的口矛，食道呈管状（图4-44）。雄虫的大小为（15.14～19.72）毫米×（0.239~0.286）毫米（图4-45）。交合伞由2个对称的侧叶和1个不对称的小背叶组成。1对交合刺棕色，等长，其近端较宽，远端窄小，末端膨大成一小结。在每个交合刺的窄部上，各具有1个鱼钩状倒刺。雌虫的大小为（22.90~27.92）毫米×（0.430~0.557）毫米。阴门上有增厚的突出物（图4-46），其形状有

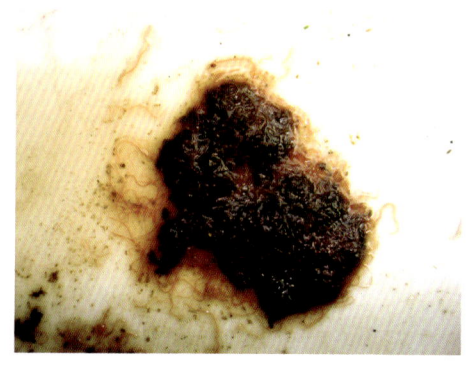

图4-43 羊捻转血矛线虫虫体肉眼形态

4种：亚球型、舌型、混合型（兼有亚球形和舌形）和光滑型（缺突出物）。排卵器较发达。肛门后尾部渐细，末端略呈圆锥体状。尾部有2个侧乳突。虫卵呈椭圆形（图4-47），大小为（70~80）微米×（39~53）微米，卵壳薄而透明，刚排出的虫卵多在桑葚期。

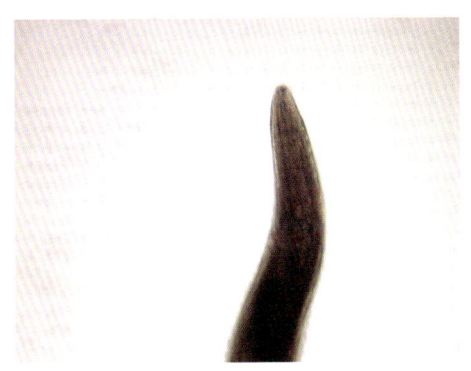
图4-44 羊捻转血矛线虫虫体头部形态

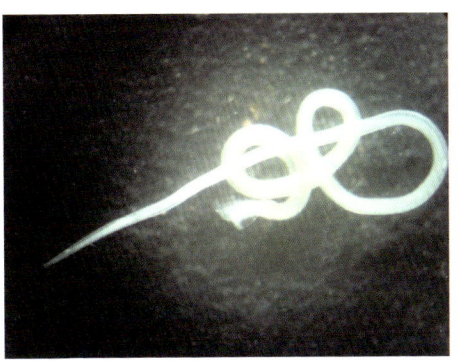
图4-45 羊捻转血矛线虫雄虫形态

图4-46 羊捻转血矛线虫雌虫形态

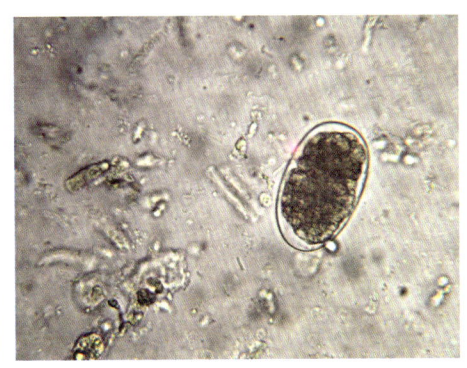
图4-47 羊捻转血矛线虫虫卵形态

2. 流行特点

全国分布很广，山上放牧的羊感染率很高。各种日龄羊均可发生，但以羔羊发病率和死亡率比较高，成年羊有一定的抵抗力，也常出现自愈现象。一年四季均可发生，在春夏季节发病率较高。从第3期感染性幼虫发育到成虫，只需21天。成虫游离于皱胃中，寿命可达1年。

3. 临床症状

病羊消瘦、行走缓慢、消化机能紊乱，常出现下痢和软脚症状（图4-48），可视黏膜苍白（图4-49），最后病羊衰竭而死亡。本病对12月龄以内的幼羊威胁很大，可导致大面积发病死亡。

图 4-48 羊捻转血矛线虫病症状（软脚）

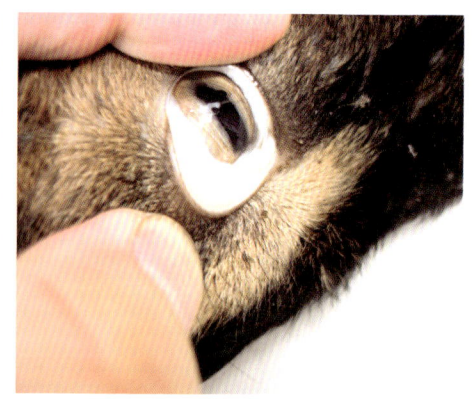
图 4-49 羊捻转血矛线虫病症状（眼结膜苍白）

4. 病理变化

除了贫血外，皮下和肠系膜可出现胶冻样水肿（图 4-50），皱胃黏膜上和皱胃内容物充满大量毛发样粉红色虫体（图 4-51）。雌雄异体。由于雌虫白色的生殖器官环绕于红色富含血液的肠道周围，似红白色两条线交互缠绕（图 4-52），故称捻转血矛线虫。此外，还会出现不同程度的皱胃黏膜水肿（图 4-53）、出血以及肠炎病变。

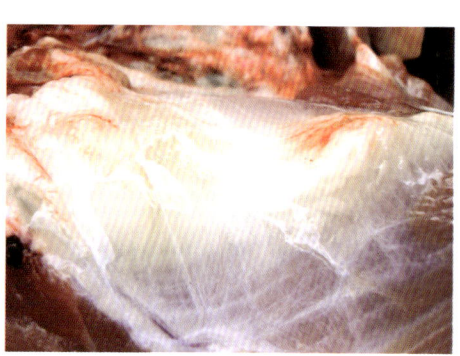
图 4-50 羊捻转血矛线虫病病理变化（皮下水肿）

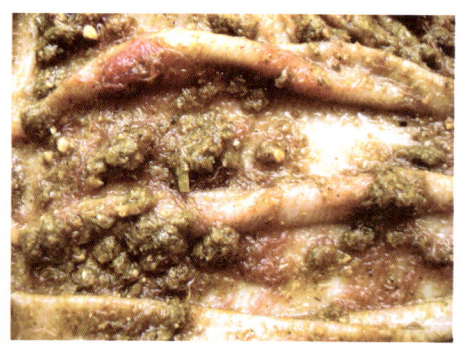
图 4-51 羊捻转血矛线虫病病理变化（皱胃壁上寄生大量粉红色虫体）

图 4-52 羊捻转血矛线虫病病理变化（雌虫似红白色两条线相互缠绕）

5. 诊断

在皱胃内或十二指肠内检出粉红色丝状虫体，或通过粪便检查出虫卵，可做出诊断。

6. 防治

羊群每年要采用驱线虫药物（如左旋咪唑、阿苯达唑、伊维菌素）进行预防性驱虫6次。有条件的还要实行划地轮牧，以减少本病的感染机会。羊场的羊粪要经生物发酵处理，减少虫卵传播。平时可定期进行粪便虫卵检查。一般来说，每克粪便中检出虫卵数量达2000个时，即判定为中度感染，就必须驱虫。

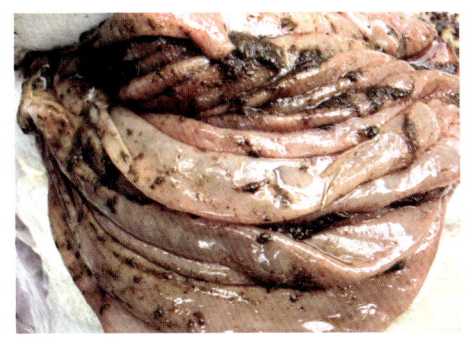

图4-53 羊捻转血矛线虫病病理变化（皱胃黏膜水肿）

在治疗上可选用左旋咪唑（按每千克体重6~10毫克，1次灌服）、阿苯达唑（按每千克体重10~15毫克，1次灌服）、芬苯达唑（按每千克体重10~15毫克，1次灌服）。严重感染时，间隔7~10天再驱虫1次，以后每2个月驱虫1次。阿维菌素和伊维菌素对本病也有较好效果。

（七）羊毛圆线虫病

羊毛圆线虫病是毛圆科毛圆属中多种毛圆线虫寄生于羊（牛、骆驼、人也可感染）胃肠道内面引起的一种寄生虫病，本病属于人畜共患寄生虫病。临床上以腹泻，甚至死亡为主要特征。

1. 病原

本病病原有蛇形毛圆线虫、东方毛圆线虫等，在此着重介绍蛇形毛圆线虫。蛇形毛圆线虫虫体细小，一般不超过7毫米，呈淡红或褐色（图4-54），缺口囊和颈乳突。排泄孔位于靠近体前端的一个明显的腹侧凹迹内。雄虫交合伞的侧叶大（图4-55），背叶极不明显，腹肋特别细小，常与

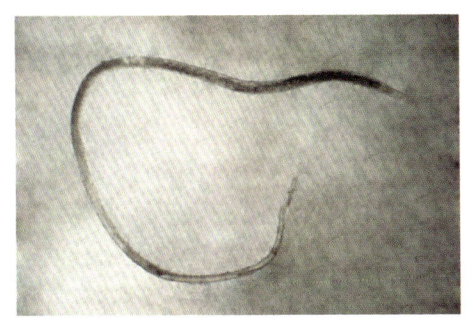

图4-54 蛇形毛圆线虫虫体形态

侧腹肋成直角。侧腹肋与侧肋并行，背肋小，末端分小支。交合刺短而粗，常有扭曲和隆起的脊，呈褐色。有引器。雌虫阴门部位于虫体的后半部内，子宫一向前，一向后。无阴门盖（图4-56），尾端钝。虫卵呈椭圆形，大小为（69~98）微米×（34~55）微米，卵壳薄，粪检常见发育到桑葚期（图4-57）。

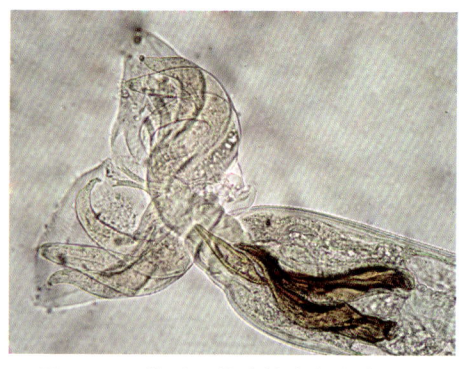

图4-55　羊毛圆线虫雄虫交合伞形态

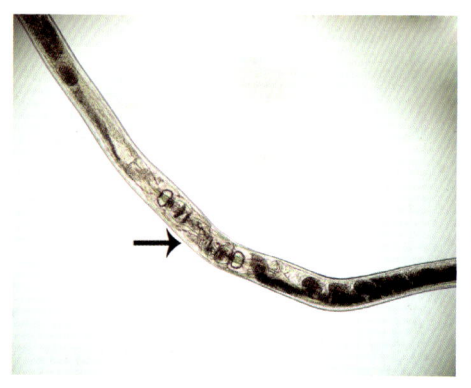

图4-56　羊毛圆线虫雌虫阴门部形态

图4-57　羊毛圆线虫虫卵形态

2. 流行特点

断乳后至1岁的羔羊对毛圆线虫最易感。母羊往往是本病的传染源。本虫的第3期幼虫对干燥抵抗力强，在土壤中可存活3~4个月，且耐低温，可在牧地上过冬；第3期幼虫进入羊体内后，在羊胃肠黏膜内发育蜕皮；第4期幼虫又返回皱胃或小肠，发育为成虫。本病分布广，可形成地方流行性。

3. 临床症状

感染较轻者，病羊表现食欲不振、生长受阻、消瘦、贫血、皮肤干燥，排软便或腹泻与便秘交替发生；感染严重时可引起急性发作，表现腹泻、急剧消瘦、体重迅速减轻，甚至发病死亡。

4. 病理变化

皱胃和十二指肠黏膜肿胀，轻度充血，覆有黏液（图4-58），刮取肠内容物于显微镜下可见到不同发育时期的虫体。慢性病例可见尸体消瘦，贫血，肝脏脂肪变性，黏膜肥厚，发炎和溃疡。

5. 诊断

本病以粪便中查见虫卵或剖检查出虫体而做出诊断。毛圆线虫种类较多，要认真鉴定。本病在诊断过程中应注意与羊钩虫病相区别。

6. 防治

预防上应定期驱虫（每年4~6次），平时要对羊粪便进行发酵处理，防止虫卵散播而导致疾病传播。可选用以下治疗方法：阿苯达唑（按每千克体重20~25毫克，每天1次，连用3天）、甲苯咪唑（按每千克体重20毫克，每天1次，连用3天）、左旋咪唑（按每千克体重10毫克，每天1次，连用3天）、伊维菌素（按每千克体重0.2毫克，内服或皮下注射）1次。此外，还可采取补液、补碱、强心、止血、消炎等对症治疗。

图4-58 羊毛圆线虫病病理变化（皱胃表面覆有黏液）

（八）羊食道口线虫病

食道口线虫病又称结节虫病，是夏柏特科食道口属多种线虫的幼虫及成虫寄生于羊（牛等反刍动物也可感染）肠壁引起的一种寄生虫病。临床上以消化道功能异常、持续性腹泻、血便，甚至死亡为主要特征。

1. 病原

本病病原为夏柏特科食道口属的粗纹食道口线虫等多种线虫，这里仅介绍粗纹食道口线虫。粗纹食道口线虫虫体为白色杆状（图4-59），口囊的宽度大于深度的2.2倍。叶冠数目为外10~12个，内20~24个。头端角皮膨大形成头泡（图4-60）。无侧翼膜。颈乳突位于食道底之后，颈沟位于食道中部的稍前方，神经环位于食道中部，食道漏斗小。雄虫尾部呈伞状（图

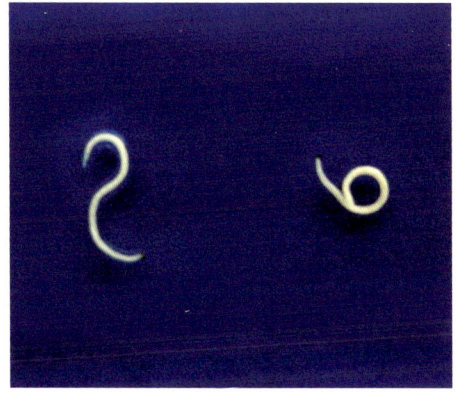

图4-59 羊食道口线虫虫体形态

4-61），雌虫尾部较尖（图4-62）。雄虫大小为（13~15）毫米×（0.40~0.52）毫米，雌虫大小为（17.3~20.3）毫米×（0.50~0.70）毫米。虫卵呈椭圆形（图4-63），大小为92微米×46微米。

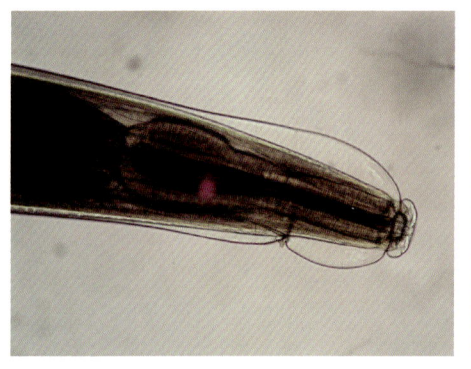

图4-60 羊食道口线虫头部形态

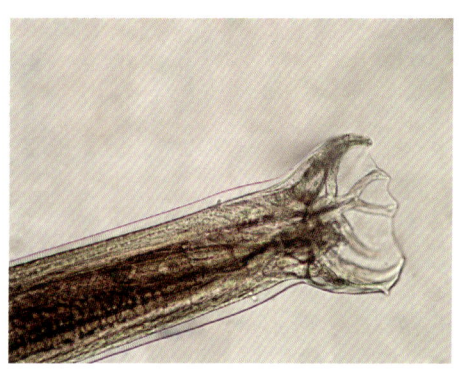

图4-61 羊食道口线虫雄虫尾部形态

图4-62 羊食道口线虫雌虫尾部形态

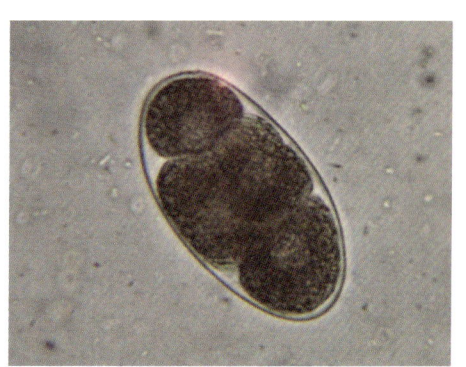

图4-63 羊食道口线虫虫卵形态

2. 流行特点

食道口线虫可在山羊、绵羊等动物体内寄生（牛也可寄生），各种日龄均可感染（一般见于吃草后1个月以上），其中12月龄以上羊感染率更高，症状和病变也更为明显。一年四季均可发生，感染率最高在春季和秋季。在清晨、雨后和多雾天气时放牧易受感染。宿主感染系摄入被感染性幼虫污染的青草和饮水所致。环境温度低于9℃时虫卵不能发育。

3. 临床症状

急性病例可见病羊眼结膜苍白（图4-64），出现持续性腹泻，粪便呈暗绿色，夹带黏液，有时还带血液。随着病情发展，病羊消瘦、衰竭，严重时可导致死亡。慢性病例则便秘和腹泻交替出现，病程持续时间长，下颌皮下有水肿症状。在成年羊，本病常表现为隐性感染。

4. 病理变化

剖检可见盲肠肿大明显，结肠也有不同程度肿大，肠表面可见一些白色坏死结节（图4-65）。切开肠壁可见内容物为黑褐色或黄色糊状物，在肠壁上肉眼可见一些白色小虫子在蠕动。有时在盲肠腔内也可见白色小虫在蠕动（图4-66）。

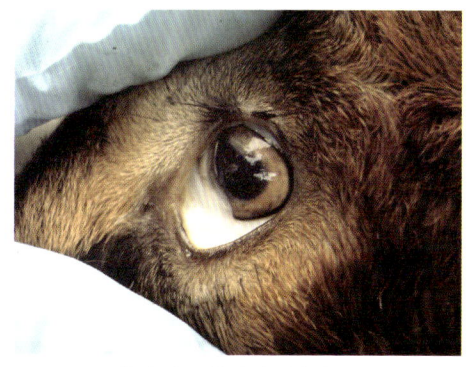

图4-64　羊食道口线虫病症状（眼结膜苍白）

图4-65　羊食道口线虫病病理变化（盲肠出现黄白色坏死结节）

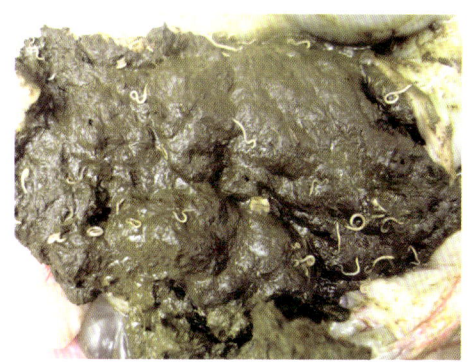

图4-66　羊食道口线虫病病理变化（盲肠内白色小虫蠕动）

5. 诊断

在结肠和盲肠内检出大量食道口线虫，可做出诊断。要确认是哪一种食道口线虫，需对虫体的形态及内部结构做进一步的鉴定。

6. 防治

防治方法可参考羊捻转血矛线虫病的防治方法。

（九）羊鞭虫病

鞭虫病是由毛首线虫科毛首线虫属的多种鞭虫引起的羊肠道线虫病。临床上以盲肠和结肠炎症、消化功能紊乱为主要特征。

1. 病原

本病病原有毛首线虫科毛首线虫属的球鞘鞭虫（图4-67）、同色鞭虫、瞪羚鞭虫、印度鞭虫、羊鞭虫（图4-68）等多种鞭虫。总的来说，羊鞭虫的虫体前部呈毛发状，所以称毛首线虫。虫体整个外形像鞭子（图4-69），细小的前部像鞭绳，粗大的后部像鞭杆，所以又称鞭虫。虫体乳白色，长20~80毫米，前部细长，为食道部，由一列食道腺细胞围绕，占虫体全长的2/3以上；后部短粗，为体部，内有肠及生殖器官。雄虫后部弯曲，泄殖腔在尾端，1根交合刺在有刺的交合刺鞘内。雌虫后端钝圆（图4-70），生殖器官单管型。阴门位于虫体粗细交界处。卵生。虫卵棕黄色，腰鼓形，卵壳厚，两端有卵塞（图4-71），内含1个近圆形胚胎。虫卵大小为（70~80）微米×（30~40）微米。不同种类的鞭虫还有一些细微结构的区别。

图4-67 球鞘鞭虫交合刺形态

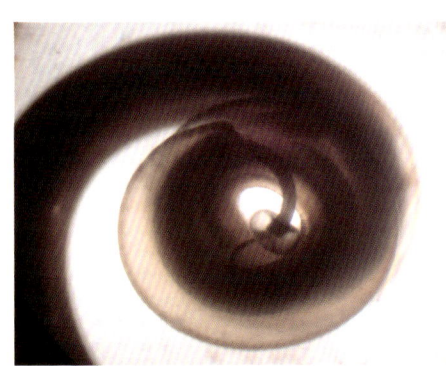

图4-68 羊鞭虫交合刺形态

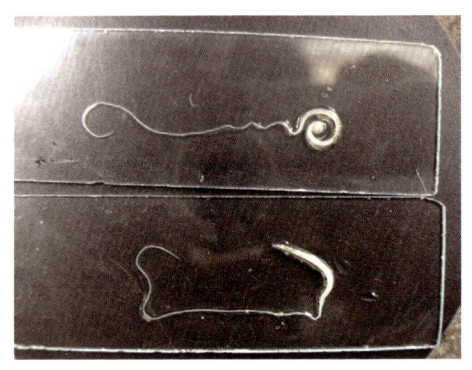

图4-69 羊鞭虫虫体形态

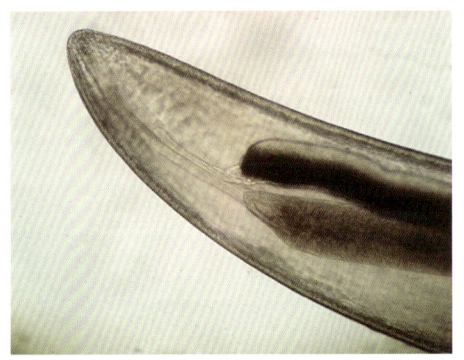

图4-70 羊鞭虫雌虫尾部形态

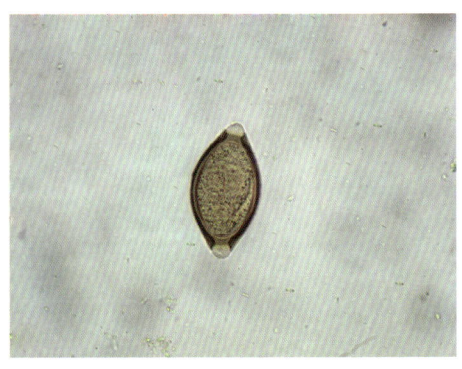

图4-71 羊鞭虫虫卵形态

2. 流行特点

鞭虫生活史简单，为直接发育型，不需中间宿主，第1期幼虫可直接感染宿主。无明显季节性。除羊外、牛、猪、骆驼、人等均可感染。不同种类的鞭虫，感染宿主有所差异。

3. 临床症状

病羊出现间歇性或顽固性拉稀，排出的粪便为黑褐色糊状物，并带有黏液，有时带血液。轻者表现慢性盲肠及结肠卡他性炎症，食欲减退；重者消化功能紊乱，消瘦，甚至死亡。

4. 病理变化

剖检可见盲肠、结肠肿大，肠壁黏膜组织呈轻度炎症或出血病变，病程长的可见肠黏膜溃疡斑或因肠壁炎症、细胞增生、肠壁增厚而形成的肉芽肿。

5. 诊断

漂浮或沉淀法检查出特征性鞭虫虫卵，或在盲肠、结肠内查到鞭虫虫体而确诊。

6. 防治

加强饲养管理，搞好环境卫生，对羊舍粪便进行无害化处理。在流行地区进行治疗性或预防性驱虫。可定期使用左旋咪唑或阿苯达唑治疗，每隔2个月驱虫1次。

（十）羊绦虫病

羊绦虫病是由莫尼茨绦虫、曲子宫绦虫及无卵黄腺绦虫寄生于绵羊、山羊的小肠而引起的蠕虫病。主要危害羔羊，影响幼畜生长发育，严重感染时可导致死亡。个别场可导致中大羊顽固性肠炎拉稀。

1. 病原

羊绦虫病病原有裸头科莫尼茨属的扩展莫尼茨绦虫（图4-72）、白色莫尼茨绦虫、贝氏莫尼茨绦虫，曲子宫属的盖氏曲子宫绦虫，无卵黄腺属的中点无卵黄腺绦虫等。虫体均为乳白色，背腹扁平的分节呈链带状。头节小，近似球形，上有4个吸盘，无顶突和小钩（图4-73至图4-76）。绦虫雌雄同体，全长1~5米，每个体节上都包括1~2组雌雄生殖器官，自体受精。虫卵近似圆形、三角形（图4-77）、四边形，卵内有特殊的梨形器，器内含六钩蚴。不同种类绦虫，还有一些细微的形态结构差异性。

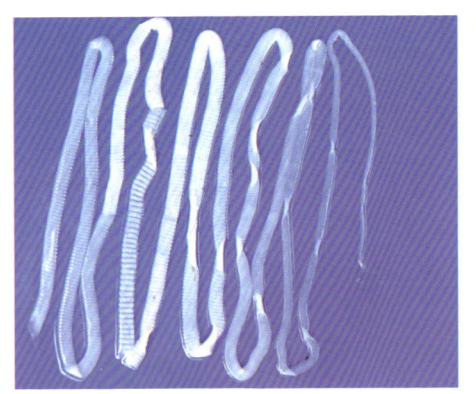
图 4-72 莫尼茨绦虫虫体形态

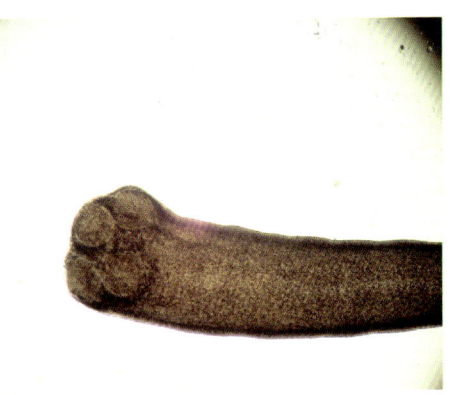
图 4-73 扩展莫尼茨绦虫头部形态

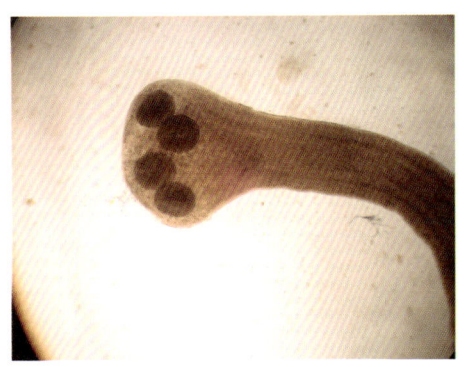
图 4-74 白色莫尼茨绦虫头部形态

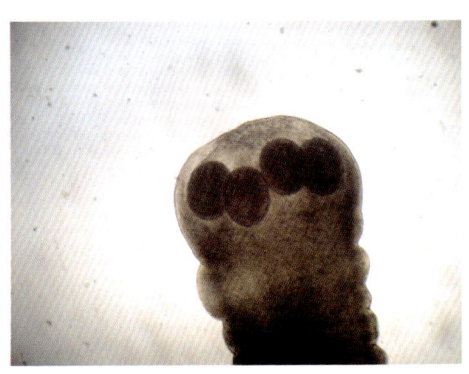
图 4-75 贝氏莫尼茨绦虫头部形态

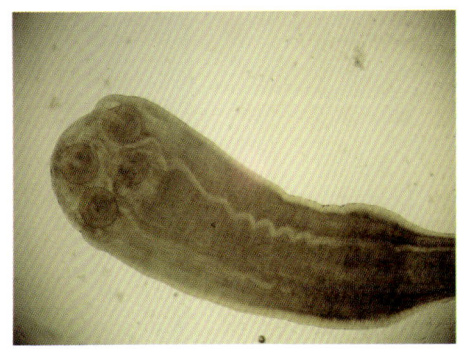
图 4-76 中点无卵黄腺绦虫头部形态

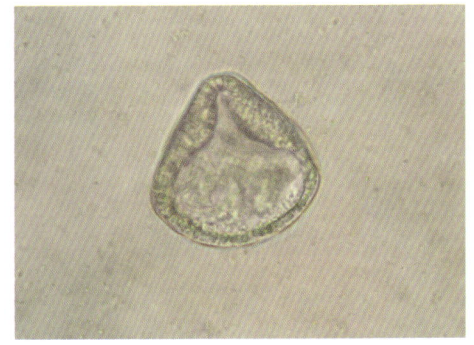
图 4-77 绦虫虫卵形态

2. 流行特点

本病全国均有分布，一年四季都可发生，其中在南方以4~6月份发病率最高，其他季节也可持续感染。本病对2~7月龄的羔羊感染率比较高，而对成年羊的感染率比较低。传播媒介与地螨有关。

3. 临床症状

轻度感染时无明显症状,在严重感染时病羊表现精神沉郁、消瘦、经常消化不良或顽固性下痢(图4-78),粪便中常夹带有黄白色的绦虫孕卵节片(图4-79)。当虫体数量多时,可阻塞肠道,造成病羊剧烈腹痛和腹胀症状。病后期可见病羊有转圈、空嚼、痉挛、弓背等症状,最终衰竭死亡。

图4-78 羊绦虫病症状(消瘦和顽固性拉稀)　图4-79 羊绦虫病症状(粪便中夹带绦虫孕节片)

4. 病理变化

病死羊消瘦,脱水,皮下有胶冻样水肿(图4-80)。剖检可见小肠肿大、呈黄白色(图4-81),切开小肠壁可见小肠内充满面条样绦虫(图4-82)。肠壁充血、出血,并出现卡他性肠炎病变。

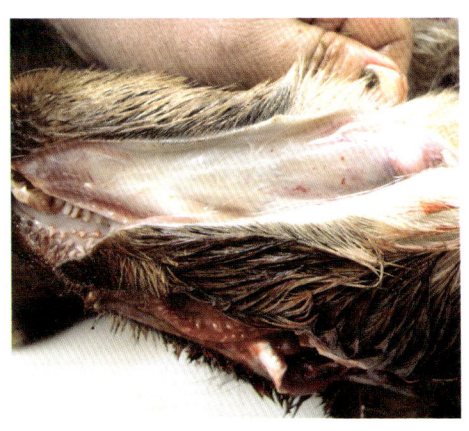
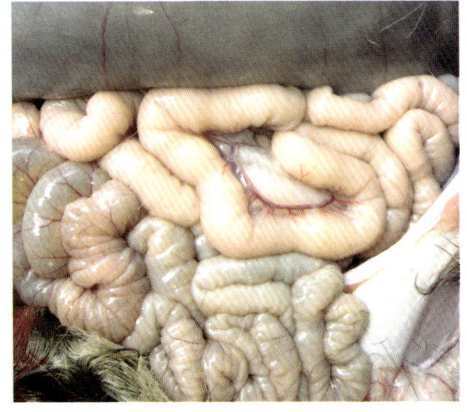

图4-80 羊绦虫病病理变化(皮下胶冻样水肿)　图4-81 羊绦虫病病理变化(小肠呈黄白色)

5.诊断

根据粪便中检查到特征性虫卵及在病死羊小肠中检查到本病的虫体，即可诊断。本病在临床上常见多种绦虫混合感染，要进行鉴别诊断。

6.防治

每年要定期驱虫6次（每2个月1次），同时定期消灭本病的中间宿主（地螨）。有条件的地方可空闲放牧场所两年以上再放牧，这样对预防本病有一定效果。常用的治疗药物

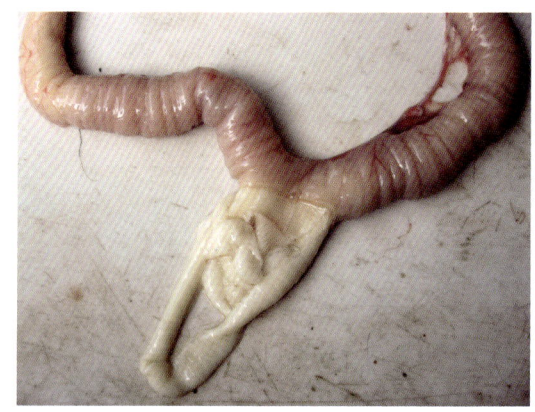

图4-82 羊绦虫病病理变化（小肠内充满面条样绦虫）

可选用氯硝柳胺（按每千克体重100毫克，1次灌服）、硫双二氯酚（按每千克体重100毫克，1次灌服）、1%硫酸铜溶液（按每只15~45毫升，1次灌服）、阿苯达唑（按每千克体重10~20毫克，1次灌服）、吡喹酮（按每千克体重75毫克，1次灌服）。

（十一）羊球虫病

羊球虫病是艾美尔科艾美尔属的多种球虫寄生于绵羊或山羊肠道上皮细胞内引起的一种原虫病。绵羊或山羊感染球虫后，生长发育迟缓和繁殖性能下降，时常出现腹泻症状，严重感染时会导致死亡。

1.病原

本病病原属于艾美尔科艾美尔属。目前，国内已有记录的羊球虫种类有27种，其中感染山羊的有19种，感染绵羊的有13种，两者之间部分有交叉感染。不同地区、不同羊品种，感染的球虫种类有所不同。不同种类球虫卵囊形态和大小差异明显。一般来说，卵囊呈卵圆形或球形或亚球形或椭圆形，卵囊大小为（12~50）微米×（8.5~33）微米，有时卵囊有极帽、卵膜孔、孔下皱褶等结构。卵囊随羊粪排出外界，经1~5天发育为孢子化卵囊才对羊有感染力。此时每个卵囊内形成4个孢子囊，每个孢子囊内含有2个子孢子。有的孢子化卵囊除了极帽、卵膜孔、孔下皱褶外，还有外残体、内残体、斯氏体、极粒等结构。临床上根据球虫卵囊

和孢子化卵囊的形态、大小、颜色、极帽、卵膜孔的形态特征，内外残体、斯氏体、极粒的有无，以及孢子化时间，来鉴定羊球虫种类。

2. 流行特点

各种品种的羊对球虫均易感，羔羊的易感性最高，成年羊对本病有一定的抵抗力，多为带虫者。多数羊体内可同时检出 2 种或 2 种以上球虫。本病一年四季均可发生，其中以温暖潮湿的气候条件更易发病。羊舍的环境卫生不好、更换饲料或草料、存在肠道寄生虫病等原因均可诱发本病。采用网上漏粪地板的羊舍，其羊群球虫感染率或感染强度相对较低。

3. 临床症状

在临床上 1 岁以内的幼羊常发生本病，病羊精神不振，食欲减少，被毛粗乱，腹泻明显，并排带黏液或血液的稀粪（图 4-83）。严重时可导致脱水衰竭而死亡。死亡率为 10%~25%。

4. 病理变化

尸体消瘦，脱水明显。剖检可见小肠浆膜上有淡白色或黄色结节状坏死斑（图 4-84），并有不同程度的充血、出血病变，内容物为糊状或水样。

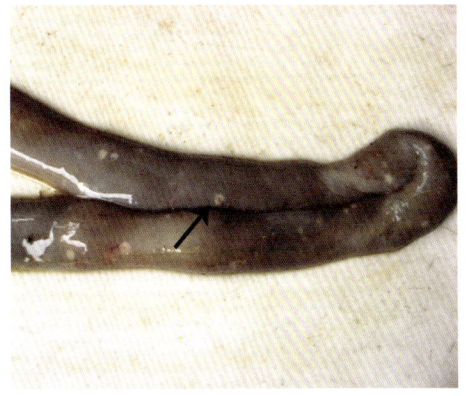

图 4-83　羊球虫病症状（排出带黏液稀粪）　图 4-84　羊球虫病病理变化（小肠浆膜淡白色坏死灶）

5. 诊断

临床上造成腹泻的原因较多，需逐一进行鉴别诊断。粪便经饱和盐水漂浮或直接镜检，发现大量球虫卵囊（图 4-85），可做出确诊。至于是哪一种球虫，需对球虫卵囊进行孵化后，检查孢子化卵囊形态（图 4-86）、结构后才能做出诊断。在临床上要注意本病与其他肠道疾病的混合感染问题。

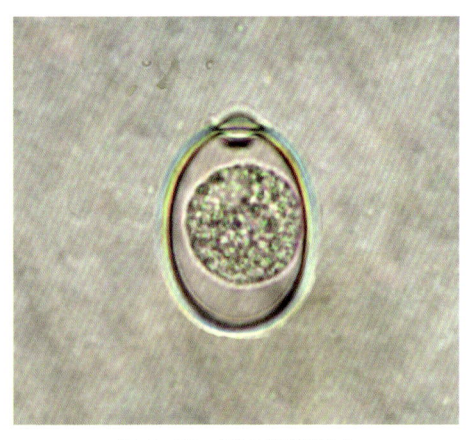 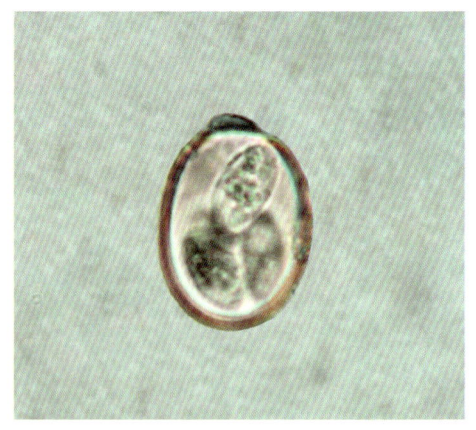

图 4-85 球虫卵囊形态　　　　　图 4-86 球虫孢子化卵囊形态

6. 防治

平时要保持羊舍及周围环境的通风干燥,并定期清除粪便和消毒。有条件的羊场可采用网上漏粪饲养,以减少羊只接触粪便或污物。对本病常发地区可在易发羊群中定期用药物预防(如氨丙啉、莫能菌素等)。临床上治疗球虫病的药物有很多,如磺胺二甲嘧啶(按每千克体重0.1~0.2克,内服或肌内注射,连用3~4天)、磺胺氯吡嗪(按每千克体重20毫克,内服,连用3~4天)、磺胺脒、甲氧苄啶等。严重病例,还要配合肌内注射磺胺类药物或喹诺酮类药物,以及静脉注射5%葡萄糖氯化钠注射液。

(十二)羊隐孢子虫病

羊隐孢子虫病是一种或多种隐孢子虫引起的羊原虫病,也是人、家畜、伴侣动物、野生动物都能感染的人畜共患病。临床上以腹泻为主要特征。

1. 病原

本病病原属于隐孢子虫科隐孢子虫属。目前已命名了24个隐孢子虫有效种和70多个基因型。寄生于羊的有效种有8个,即微小隐孢子虫、人隐孢子虫、泛在隐孢子虫、肖氏隐孢子虫、费氏隐孢子虫、猪隐孢子虫、安氏隐孢子虫和种母猪隐孢子虫。隐孢子虫卵囊呈圆形、卵圆形或椭圆形,内含4个裸露的子孢子,不含孢子囊。卵囊大小为3.94~8.3微米。抗酸染色后,隐孢子虫卵囊呈玫瑰红色,背景为淡绿色(图4-87);经饱和蔗糖溶液漂浮后,隐孢子虫卵囊呈淡粉色或淡紫色。

2. 流行特点

我国的青海、贵州、河南、吉林、黑龙江等省相继报道了羊隐孢子虫病，平均感染率为10.2%。羊隐孢子虫一年四季均可感染，不具明显的季节性。不同地区，感染虫种有所差异。在我国，羊隐孢子虫种类分布存在明显的年龄相关性，其中泛在隐孢子虫可感染所有年龄的羊，而肖氏隐孢子虫仅发现于羔羊，安氏隐孢子虫发现于母羊。

3. 临床症状

隐孢子虫感染常不表现临床症状或仅表现腹泻症状（图4-88），是羔羊腹泻的主要原因之一。感染羊只一般在症状出现2周后恢复，除非发生与其他肠道病原（如轮状病毒）混合感染，否则死亡率很低。老龄动物可以持续感染，并排出卵囊，传染其他易感宿主。

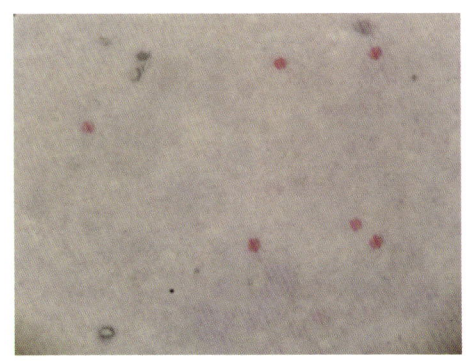

图4-87 微小隐孢子虫卵囊形态（染色）

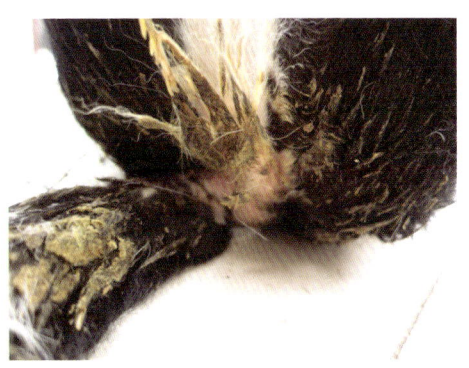

图4-88 羊隐孢子虫病症状（腹泻）

4. 病理变化

剖检可见小肠充血、出血、远端肠绒毛萎缩、融合，表面上皮细胞转生为低柱状或立方形细胞，肠细胞变性或脱落，微绒毛变短。单核细胞、嗜中性细胞侵润固有层。盲肠、结肠也可感染。所有部位隐窝扩张，内含坏死组织碎片或淋巴细胞。这些病变导致肠道对维生素A和碳水化合物的吸收减少。

5. 诊断

粪便中隐孢子虫卵囊的常规诊断方法有饱和蔗糖溶液漂浮法、改良抗酸染色法等，免疫学检测方法有免疫荧光抗体实验和酶联免疫吸附试验等，分子生物学方法有聚合酶链反应试验等。其中，以饱和蔗糖溶液漂浮法最常用。

6. 防治

羊隐孢子虫病的防治，应采取综合性措施：搞好环境卫生，并定期对舍内和运动场地进行消毒；及时清理粪便，并进行无害化处理，防止病原扩散传播；消灭养殖场内的鼠类和苍蝇等传播媒介,因为鼠类可感染多种隐孢子虫种类/基因型,容易造成交叉传播,而苍蝇等节肢动物可机械性传播隐孢子虫;增加营养,增强机体免疫力,提高羊只的抗病能力。

目前尚无特效治疗药物,可以试用常山酮、磺胺喹恶啉等药物进行治疗。

(十三)羊口炎

羊口炎是口腔黏膜炎症的总称,包括舌炎、齿龈炎、口腔黏膜炎等。

1. 病因

可分为原发性口炎和继发性口炎两种:

①原发性口炎。由于采食了粗糙、尖锐的饲料或异物,或误食了刺激性较强的药品,或维生素缺乏等,造成了口腔局部黏膜炎症。

②继发性口炎。由于一些传染病,如羊口蹄疫、羊痘、小反刍兽疫、传染性脓疱或霉菌感染等引起口腔局部炎症。

2. 临床症状

病羊表现采食减少、流涎(图4-89)、咀嚼缓慢,并有口臭表现。具体来说,症状较轻时表现为卡他性口炎,可见口腔黏膜充血、肿胀和疼痛表现,同时有明显的流涎症状;中度口炎表现水疱性口炎,在上下唇内有很多大小不等的黄色水疱,有时水疱破裂形成浅表性溃疡斑;严重时可出现溃疡性口炎(图4-90),即在黏膜上出现许多溃疡性病灶,口腔内臭味明显,并有体温升高等全身症状。上述各种类型口炎可单独出现,也可混合出现或轮流出现。

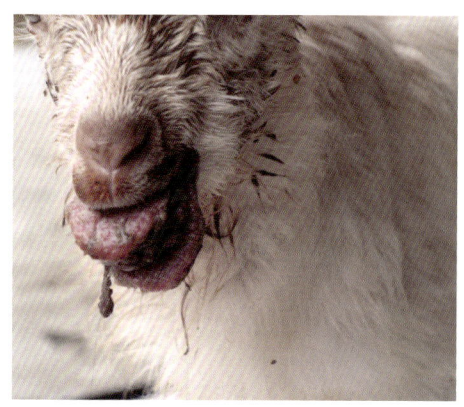

图4-89 羊口炎症状(流涎)

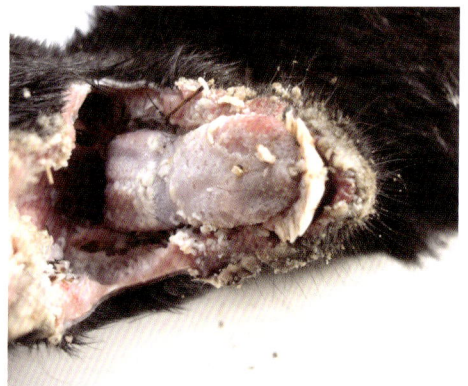

图4-90 羊口炎症状(口腔黏膜溃疡)

3. 病理变化

在不同发病时期，其病理变化有所不同：在早期以卡他性口炎为主；在中期以水疱性口炎为主；严重的中后期以溃疡性口炎为主。

4. 诊断

根据临床症状和病理变化可做出初步诊断。要确诊，需要进一步分析是原发性口炎或继发性口炎。

5. 防治

在平时饲养管理过程中，要防止饲草混进尖锐异物或有毒物质，不能喂以粗硬或发霉饲草，并做好会引起口腔炎症的一些传染病的防控措施。

治疗时，首先要找出引起口炎的病因，消除病因是防止本病进一步发展的首要措施。其次对口腔采取局部处理，可选用0.1%高锰酸钾、0.1%乳酸依沙吖啶、2%明矾、生理盐水等冲洗和净化口腔，接着可选用碘甘油、甲紫、磺胺软膏、盐酸四环素软膏及冰硼散、青黛散涂抹口腔局部或散布于口腔内。有继发感染时，可选用青霉素40万~80万国际单位、硫酸链霉素50万~100万单位掺注射用水稀释后进行肌内注射，每天2次，连用2~3天。有时也可内服磺胺类药物进行消炎处理。在治疗过程中，对病羊要加强护理，不吃草的病羊可喂一些牛奶、麸皮或喂一些柔软牧草，个别严重的病羊要采取静脉注射葡萄糖和广谱抗生素。

（十四）羊食道阻塞

羊食道阻塞是羊食道因草料团或异物阻塞而引起的一种急性消化道病。临床上以吞咽障碍、呼吸急促为主要特征。

1. 病因

由于一些块状或颗状饲料（如甘薯、马铃薯、胡萝卜、玉米棒、苹果等）阻塞在羊食道内而造成食道阻塞。

2. 临床症状

病羊表现突然停食，头颈伸直，口腔大量流涎，不时做吞咽动作，呼吸急促，骚动不安。在食道左侧食道沟处可触摸到硬块（图4-91）。有时可并发瘤胃臌气症状（图4-92）。若

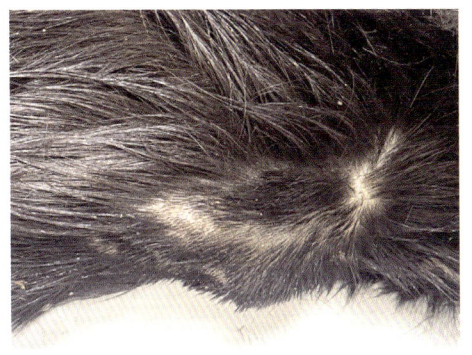

图4-91 羊食道阻塞症状（食道处硬块凸起）

处理不及时,很容易出现窒息死亡。

3. 病理变化

剖检无明显病理变化,在食道可见有异物隆起(图4-93),有时在食道和瘤胃黏膜有充血、出血病变。

图4-92 羊食道阻塞症状(瘤胃臌气)　　图4-93 羊食道阻塞症状(食道隆起)

4. 诊断

根据有喂块状或颗状饲料史及临床症状,可做出诊断。

5. 防治

平时要加强饲养管理,饲喂的块状或颗状饲料要切碎,也要防止羊偷食玉米棒等饲料。

发病时要及时予以处理,若阻塞物在接近咽喉食道处,可用开口器打开病羊口腔,然后用手固定食道的阻塞物,防止滑下食道,然后用肠钳把阻塞物取出;若阻塞物接近食道的贲门部时,可通过胃导管先灌少量(约30毫升)液状石蜡,将阻塞物推入瘤胃内;若食道阻塞物引起严重瘤胃臌气,可先将瘤胃放气,防止羊只的窒息死亡。向上推和向下推均未能见效时,可予以手术治疗,切开食道取出阻塞物。

(十五)羊前胃弛缓

羊前胃弛缓是指前胃(瘤胃、网胃和瓣胃)神经兴奋性降低,饲料在前胃不能正常消化和向后移动,因而饲料在瘤胃中腐败分解,产生有毒物质而引起的疾病。临床上以消化功能障碍和全身功能紊乱为特征。本病多见于山羊,绵羊较少发病。

1. 病因

饲养管理不当是引起原发性前胃弛缓的主要诱因，具体有以下原因：

①饲喂精饲料过多。

②食入过多不易消化的粗饲料或采食到塑料袋等无法消化物质。

③饲喂发霉、变质、冰冻的饲草料。

④饲料配方突然发生改变。

⑤维生素及微量元素、矿物质缺乏。

⑥饲喂草料后，紧急驱赶而使羊得不到休息和反刍。

⑦圈舍狭小，羊拥挤，圈舍阴冷，长期缺乏光照。

⑧继发于其他疾病。常见于一些寄生虫病，如羊片形吸虫病等；一些传染病，如羊传染性胸膜肺炎等；一些普通性疾病，如羊口炎、瘤胃臌气、创伤性网胃炎、肠胃炎、瓣胃阻塞等。

2. 临床症状

本病有急性型、慢性型两种类型。

①急性型。病羊表现食欲降低或不吃食，反刍减少或消失，胃肠蠕动减慢，排出带有暗红色黏液的干燥粪便，精神沉郁，左腹膨隆，触诊有柔软感，体温、脉搏基本正常。

②慢性型。通常由急性前胃弛缓转变而来，病程较长。病羊有时出现便秘，粪便上附有黏液，有时腹泻，随着病程发展，病羊日渐消瘦。

3. 病理变化

急性型病羊剖检可见瘤胃内有大量未消化食物（图4-94），后段胃肠炎较严重。此外，还可见全身脱水等病变。慢性型病羊病理变化与急性型病羊相似，但程度较差。

图4-94　羊前胃弛缓病理变化（瘤胃内积有大量未消化食物）

4. 诊断

根据临床症状和病理变化，结合瘤胃听诊，可做出诊断。

5. 防治

加强饲养管理是预防本病的关键。不饲喂腐败、变质、冰冻的饲料，而要饲喂全价日粮。喂料要定时定量，以保证有充足的运动时间和休息时间。

本病的治疗原则为缓泻、止酵、促进瘤胃蠕动。发病初期先禁食1~2天，每天按摩瘤胃数次，每次8~15分钟，并饲喂少量易消化的多汁饲料。瘤胃内容物过多时，可投服缓泻剂，常用的有液体石蜡油100~200毫升或硫酸镁20~30克（配制成10%溶液）。为了促进瘤胃蠕动，增强神经兴奋性，可皮下注射氨甲酰胆碱0.2~0.4毫克或毛果芸香碱5~10毫克，也可用大蒜酊20毫升、龙胆末10克、豆蔻酊10毫升，加水适量，1次内服。临床上可使用静脉注射促反刍液（5%氯化钠溶液150毫升、5%氯化钙溶液150毫升、安钠咖0.5克，1次静脉注射）。羊只出现酸中毒时，可静脉注射25%葡萄糖200~500毫升、碳酸氢钠溶液200毫升或内服大黄碳酸氢钠片。此外，还可用中药党参、白术、陈皮、木香各15克，麦芽、健曲、生姜各30~45克，研末冲服，也有一定效果。

（十六）羊瘤胃积食

羊瘤胃积食是由于羊采食大量难消化、易膨胀精料或不消化粗纤维等引起的严重消化不良性疾病。临床上以瘤胃体积增大、胃壁扩张、胃内食物滞留为特征。

1.病因

羊采食了大量难以消化的饲料和杂物（如地瓜秧、玉米秸秆、粗干草、塑料薄膜等），或采食了大量易于膨胀的饲料（如大豆、豌豆、玉米、稻谷等）。有的是继发于前胃弛缓、瓣胃阻塞、创伤性网胃炎、皱胃炎等疾病。

2.临床症状

羊瘤胃积食多发生于进食后一段时间。病羊主要表现精神不安、后肢踢腹等腹痛症状，食欲减少或废绝，反刍减少或停止，弓背，腹围增大，呼吸急促，眼结膜发绀，严重时表现卧地不起或衰竭死亡。

3.病理变化

剖检可见瘤胃内积有大量未消化食物（图4-95）或杂物（图4-96），瘤胃

图4-95 羊瘤胃积食病理变化（瘤胃内积有大量未消化食物）

图4-96 羊瘤胃积食病理变化（瘤胃内积有塑料薄膜）

黏膜易脱落，有时可见充血、出血病变。

4. 诊断

触诊瘤胃，病羊表现胀满和硬实；听诊瘤胃，病羊蠕动音减弱或消失。触诊、听诊结果，结合发病史和临床症状，可做出初步诊断。在临床上本病还要与前胃弛缓、瘤胃臌气、创伤性网胃炎等进行鉴别诊断。

5. 防治

做好预防工作。加强羊群饲养管理，平时要喂以柔软可口的饲料，不要喂以过于粗硬的饲料。防止羊只过饥后的过分暴食或乱吃杂物，饲料更换要按比例逐步过渡。

发病时可灌服液状石蜡油 100~200 毫升或硫酸镁或硫酸钠 50~80 克（配成 10% 浓度）等泻药，也可灌服陈皮酊 10 毫升或龙胆酊 10 毫升或木鳖酊 7 毫升等健胃药。此外，还可使用中药大黄 12 克、枳壳 9 克、厚朴 12 克、芒硝 30 克、槟榔片 1.5 克、陈皮 6 克、香附 9 克、木香 5 克、千金子 9 克、二丑 12 克，水煎煮后待温灌服；或山楂 12 克、神曲 15 克、麦芽 6 克、莱菔子 10 克、枳实 6 克、槟榔 1.5 克、大黄 9 克、甘草 6 克，煎煮或研磨成粉后温水灌服。对个别严重的病例，可肌内注射甲硫酸新斯的明注射液或维生素 B_1 注射液，同时结合强心补液，以提高治愈率。

（十七）羊瓣胃阻塞

羊瓣胃阻塞是羊瓣胃内积聚大量干性难消化饲草而引起的一种消化道疾病。

1. 病因

导致羊瓣胃阻塞的原因有以下 3 个：

①长期饲喂粗糙干硬的牧草（如地瓜秧、花生秧、豆秸等）。

②长期饲喂泥沙过多的饲料，或采食了大量的塑料制品，结果异物沉积在瓣胃内导致阻塞。

③饲养方式突然改变，或饲料品质差、饮水不足等。

2. 临床症状

病羊早期表现前胃弛缓的症状，即鼻镜干燥、反刍减少、粪便少而干。随着病情的发展，病羊体温表现升高，呼吸和脉搏加快，鼻镜干裂明显，还有空嚼磨牙症状。触诊瓣胃区（羊腹壁右侧 7~9 肋骨间、肩关节水平线上）痛感明显，叩诊局部浊音区扩大，常继发瘤胃臌气和积食。

3. 病理变化

瓣胃内容物充满，体积增大 1~3 倍，胃黏膜有炎症反应，瓣叶间充满干涸的内容物（图 4-97），形同纸板。

4. 诊断

根据发病史和临床症状可做出初步判断，结合瓣胃的触诊、听诊可确诊。

5. 防治

平时饲料中要多增加多汁青绿饲料，减少粗硬饲料，并要保证饮水，让羊只适当运动。

图 4-97　羊瓣胃阻塞病理变化（瓣胃内充满干涸内容物）

对较轻的病例，可内服泻剂和促进肠胃蠕动药物，如硫酸镁 50~100 克加水 500~1000 毫升灌服，或直接灌液状石蜡 100 毫升，或用硫酸镁 30~50 克、番木鳖酊 2 毫升、大蒜酊 20 毫升、大黄末 10 克配水 3~5 升后 1 次灌服。有条件的可进行输液治疗，采用 10% 氯化钠 50~100 毫升、10% 氯化钙 20 毫升、20% 安钠咖 10 毫升，1 次静脉注射。此外，也可考虑用中药猪膏散进行灌服治疗。

（十八）羊胃肠炎

羊胃肠炎是羊皱胃和肠黏膜及其深层组织出现炎症病变的疾病。临床上多见胃炎和肠炎相伴发生，故合称胃肠炎。

1. 病因

羊饲喂不当或采食了大量腐败、变质、有毒的饲料或饲草，或存在一些寄生虫疾病和一些细菌性疾病，均可造成胃肠炎。

2. 临床症状

病羊表现磨牙、弓背、口渴，同时排溏状稀粪或水样稀粪（图 4-98）。病重时，病羊体质消瘦，极度衰竭，四肢末端冰凉，卧地不起，最后昏睡或抽搐而死亡。

3. 病理变化

病羊眼球凹陷，剖检可见胃肠黏膜易脱落，肠内有大量水样内容物（图 4-99），肠系膜淋巴结肿胀。

4. 诊断

根据发病史、临床症状可做出初步诊断。必要时取粪便进行寄生虫或一些细

图4-98 羊胃肠炎症状（排出水样稀粪）　　图4-99 羊胃肠炎病理变化（肠内有大量水样内容物）

菌化验判断胃肠炎病因。

5. 防治

平时加强饲养管理，消除各种导致胃肠炎的病因，对发生消化不良或胃肠炎时要及时地发现和治疗。

发病时，病羊可内服盐酸土霉素片（按每千克体重10~25毫克，连用2~3天）或甲氧苄啶片（按每千克体重30毫克，连用3~5天），也可肌内注射硫酸庆大霉素注射液（按每千克体重2~4毫克）、硫酸卡那霉素注射液（按每千克体重5~15毫克）、恩诺沙星注射液（按每千克体重10毫克）、磺胺嘧啶钠注射液（按每千克体重50~100毫克）等之一。

（十九）羊瘤胃酸中毒

羊大量采食谷物或富含碳水化合物的精饲料，或长期饲喂酸度过高的青贮饲料，致使瘤胃内容物异常发酵，产生大量乳酸，瘤胃微生物及纤毛虫活性降低，从而导致羊只出现瘤胃酸中毒。

1. 病因

羊采食大量的玉米、大麦、小麦、稻谷、高粱等富含碳水化合物的饲料，或长期采食酸度高的青贮饲料，或过量采食含糖量高的青玉米、马铃薯、甜菜、甘薯，或日粮中精饲料比例过大等，导致瘤胃内容物乳酸产生过剩，酸度增高，瘤胃内的微生物群落数量减少，纤毛虫活力降低，羊消化紊乱，从而出现酸中毒。

2. 临床症状

最急性病例往往在采食后几小时内突然死亡，而无任何临床症状。急性病例表现站立不稳，喜卧，心跳加快到每分钟100次以上，呼吸急促、气喘，常于发病后1~5小时死亡。慢性病例表现精神沉郁，食欲废绝，反刍停止，鼻镜干燥，眼球下陷，走路摇晃，排黄褐色或黑色、黏性稀粪，少尿或无尿。有的卧地不起，头向背部弯曲或甩头、呻吟、磨牙，体温正常，心跳加快。

3. 病理变化

剖检可见胃内容物充满各种精料（图4-100），瘤胃黏膜易脱落，并出现不同程度充血和出血病变。

4. 诊断

根据发病史和临床症状，可做出初步诊断。要确诊需测定瘤胃内酸度。

5. 防治

具体预防措施包括供给充足的粗饲料、严格控制精饲料的饲喂量、禁止过量采食谷物或羊只偷吃精料。当青贮饲料酸度过高时，可适当进行碱化处理后再饲喂。

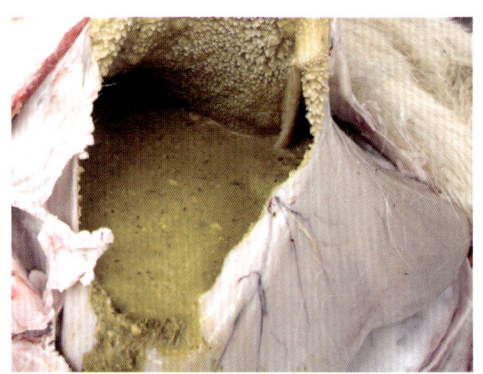

图4-100　羊瘤胃酸中毒病理变化（瘤胃充满各种精料）

发病时，要立即停喂相关精饲料，同时采取如下防治措施：

①中和胃酸。将5%的碳酸氢钠溶液通过胃导管灌入胃部，进行胃酸中和。

②强心补液。5%葡萄糖氯化钠100~200毫升、10%樟脑磺酸钠2毫升、5%碳酸氢钠溶液100毫升，静脉注射。

③健胃制酵。如大黄碳酸氢钠片10~15片、橙皮酊10毫升、豆蔻酊5毫升、石蜡油100毫升，加水，1次内服。

④控制和消除并发症。可肌内注射抗生素，如青霉素、硫酸链霉素、盐酸四环素等。

五、羊五官及皮肤性疾病诊治

羊五官及皮肤性疾病在羊场比较多见，其中传染性疾病有羊痘、传染性脓疱、伪结核棒状杆菌病、传染性角膜炎、葡萄球菌病、结核病、坏死杆菌病等，寄生虫性疾病有羊疥螨病、痒螨病、山羊蠕形螨病、硬蜱病、虱病、虻病、蚤病等，外科性疾病有羊创伤、伤口蛆病、脱肛、脐疝、皮肤瘤等。不同疾病的症状及诊治措施各异。

（一）羊痘

羊痘是由羊痘病毒引起的绵羊或山羊的急性、热性、接触性传染病，以皮肤、黏膜和内脏上形成痘疹为特征，被列为必须通报的一类动物疫病。

1. 病原

本病病原绵羊痘病毒和山羊痘病毒均属痘病毒科山羊痘病毒属。两者大小形态结构相近，只有血清学上有差异。病毒颗粒呈椭圆形或砖形，大小约为167纳米×292纳米。表面有短管状物覆盖，病毒核心两面凹陷、呈盘状。羊痘病毒在易感细胞的胞浆内复制，会形成嗜酸性包涵体。

2. 流行特点

绵羊痘只感染绵羊，山羊痘只感染山羊。各种日龄的羊只均可发生，但羔羊较成年羊易感。一年四季均可发生，其中以秋冬季节多发。本病主要通过呼吸道传播，也可经受损的皮肤、黏膜而感染。饲养管理不良等因素可促进本病的发生，加剧病情。

3. 临床症状

病羊体温升高到41~42℃，精神不振、不吃草料、眼结膜潮红、鼻孔流出浆液性或脓性分泌物（图5-1），经1~4天后全身皮肤（尤其头部、外生殖器、四肢、乳房皮肤及尾内侧皮肤）相继出现一些红斑和丘疹，或皮肤增厚（图5-2至图5-6）严重时可形成水疱和脓疱，最后结痂。本病的传染速度很快，易形成地方流行性，发病率可达 100%，死亡率可达 50%~70%，死亡率高低与羊群的饲养管理水平好坏有密切联系。怀孕母羊有时会出现流产现象。

图 5-1　羊痘症状（鼻流浆液性分泌物）

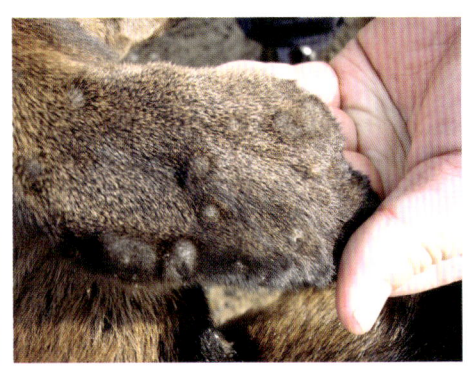

图 5-2　羊痘症状（耳朵皮肤丘疹）

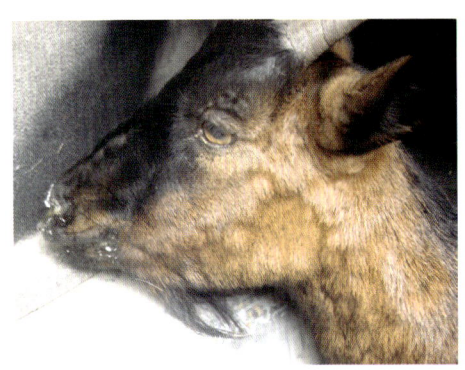

图 5-3　羊痘症状（头部皮肤丘疹）

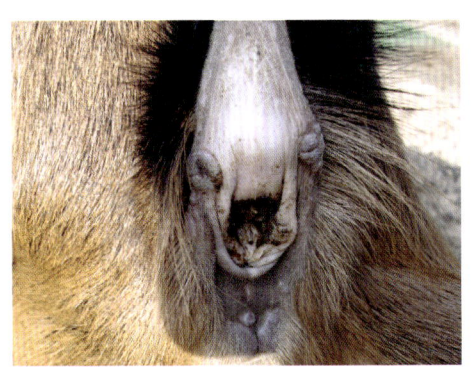

图 5-4　羊痘症状（尾内侧皮肤丘疹）

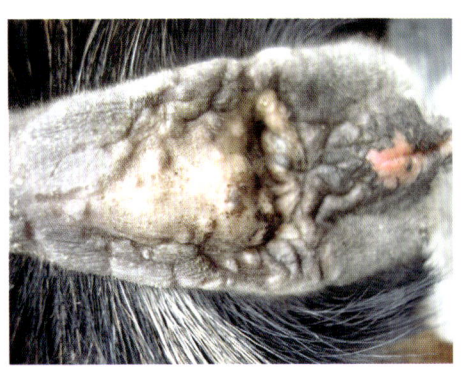

图 5-5　羊痘症状（尾内侧皮肤增厚）

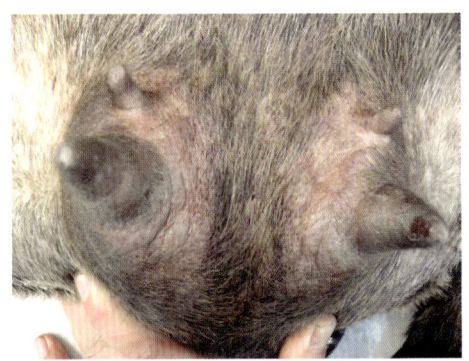

图 5-6　羊痘症状（乳房皮肤红斑）

4. 病理变化

剖检可见皮肤和口腔黏膜出现豆状红疹，此外咽部和支气管也可见到痘疹。肺部易并发感染肺炎病变。在前胃和皱胃黏膜可见大小不等的圆形结节（图5-7），有时这些结节会融合一起形成糜烂性溃疡斑。

5. 诊断

除了进行临床诊断外，在实验室诊断方面可通过鸡胚接种观察病变，或通过血清学检测及聚合酶链反应试验进行诊断。在临床上本病还需与羊传染性脓疱、小反刍兽疫等进行鉴别诊断。

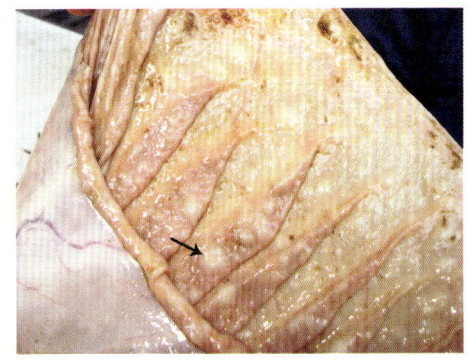

图5-7 羊痘症状（皱胃黏膜形成圆形结节）

6. 防制

本病的预防主要通过定期接种羊痘活疫苗（山羊采用山羊痘活疫苗，绵羊采用绵羊痘活疫苗）。具体来说，每年接种1~2次（重胎母羊要延迟接种），接种时应选择在尾根皮内或皮下接种。除此之外，还要做好羊群的定期消毒、自繁自养等一般性预防措施，发现病羊及时隔离、消毒。

本病属于一类传染病，按规定需对病羊采取扑杀和无害化处理。对比较贵重的种羊，做好羊舍和环境消毒，采取防止疫情扩散相关措施的前提下，也可采取紧急免疫和一些对症治疗（如退热、消炎）、抗病毒及局部消毒处理等治疗措施。

（二）羊传染性脓疱

羊传染性脓疱是由羊口疮病毒引起的绵羊、山羊（人类也可感染）急性、高度接触性传染病。临床上以病羊口唇等皮肤和黏膜出现丘疹、水疱、脓疱和痂皮为特征，俗称"羊口疮"。

1. 病原

本病病原羊口疮病毒属于痘病毒科副痘病毒属。病毒颗粒长220~250纳米，宽125~200纳米，表面结构为管状条索斜形交叉（"8"字形）。病毒对高温较为敏感，65℃下经30分钟可将其全部杀死。有效的消毒剂有2%氢氧化钠、10%石灰乳、1%醋酸、20%草木灰等。

2. 流行特点

本病在山羊和绵羊均可发生，各种日龄均易感，其中以2~6月龄的羔羊发病率最高。一年四季均可发生，以秋季发病率相对较高。本病在南方的羊场发病率较高，且在羊群中会造成持续感染。传播途径主要通过损伤的皮肤或黏膜接触感染。

3. 临床症状

在临床上本病可表现为唇型、蹄型、外阴型及混合型等多种类型。唇型是最常见的一种，首先羊嘴巴双侧皮肤肿胀（图5-8），不吃或少吃草料，在嘴角、上唇、鼻镜上出现一些小红点（图5-9），而后逐渐形成脓疱（图5-10），脓疱破溃后形成疣状结痂（图5-11），严重时可出现龟裂和出血症状（图5-12、图5-13），在痂垢下伴有明显的肉芽组织增生。有时炎症和肉芽组织增生可波及眼眶或耳朵皮肤。由于嘴巴疼痛影响了羊的采食，可造成病羊日渐消瘦，最终造成衰竭死亡。蹄型主要表现在蹄叉、蹄冠皮肤炎症增生或溃疡化脓(图5-14)，病羊表现跛行、喜卧地，影响病羊的采食和活动。外阴型（较少见）主要表现外阴部及其附近皮肤出现溃疡灶（图5-15）或炎性增生（图5-16），有时在母羊的乳头皮肤及公羊的阴鞘皮肤也会出现脓疱和溃疡灶，多数病羊经2~3周后治疗可康复，但留疤痕。混合型则病羊表现两种或两种以上类型症状。

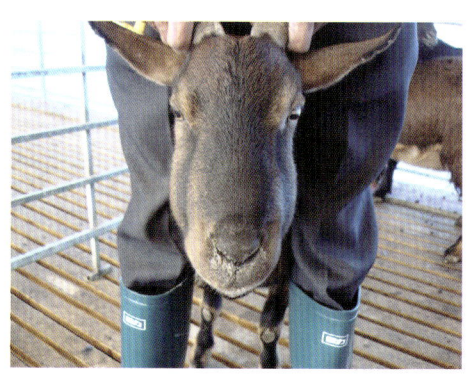

图5-8 羊传染性脓疱症状（嘴巴双侧皮肤炎症肿胀）

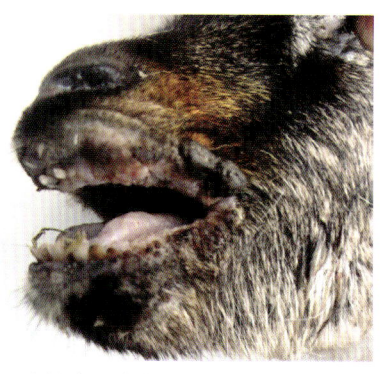 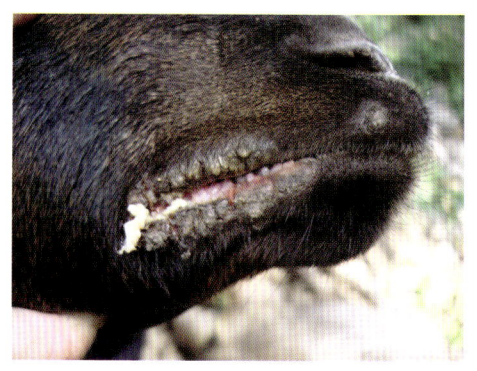

图5-9 羊传染性脓疱症状（嘴角小红点） 图5-10 羊传染性脓疱症状（嘴角脓疱）

图5-11 羊传染性脓疱症状（嘴巴疣状结痂）

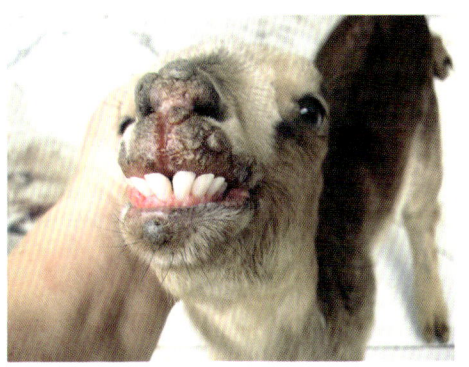
图5-12 羊传染性脓疱症状（嘴角龟裂）

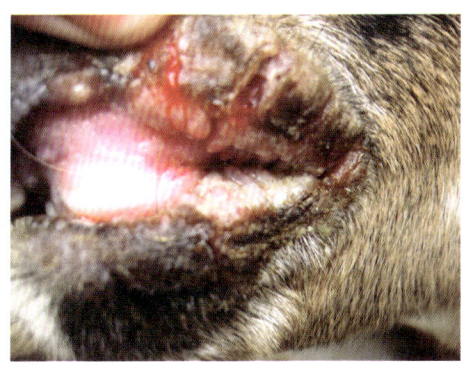
图5-13 羊传染性脓疱症状（嘴唇龟裂出血）

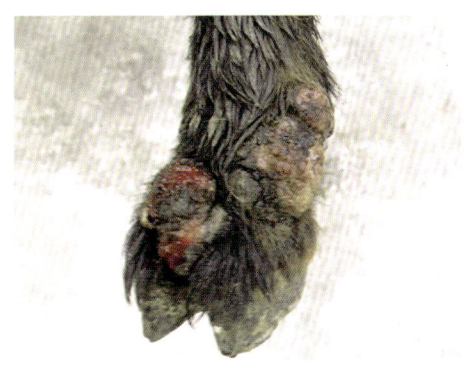
图5-14 羊传染性脓疱症状（蹄部炎症增生）

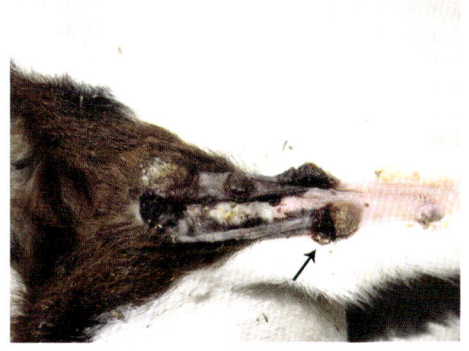
图5-15 羊传染性脓疱症状（外阴部溃疡灶）

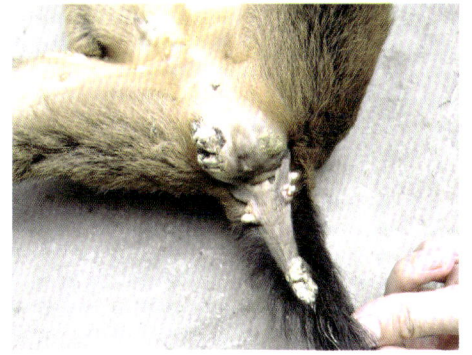
图5-16 羊传染性脓疱症状（外阴部炎症增生）

4. 病理变化

早期局部皮肤的上皮细胞出现变性、肿胀、充血、水肿及坏死，接着表皮细胞增生并呈水疱变性，周围聚集大量多形核白细胞使表皮增厚增生。中后期，局部皮肤的上皮细胞周围聚集大量中性粒细胞，使表面出现脓疱。最后，局部皮肤角质蛋白增厚形成痂皮。剖检除局部皮肤病变外，在瘤胃、网胃等黏膜也有痘状增生。

5. 诊断

除进行临床诊断外，可采取病灶局部的脓疱皮触片，并用伊红染色镜检，在细胞质内检出嗜酸性包涵体，可做出诊断；也可进行细胞分离培养、抗体检测以及聚合酶链反应试验予以诊断。在临床上，本病还需与羊痘、小反刍兽疫、口蹄疫、坏死杆菌病进行鉴别诊断。在临床上羊传染病脓疱也易与其他羊传染病并发感染。

6. 防制

平时饲养管理过程中要保持皮肤和黏膜不损伤，及时清除饲草中的芒刺和尖锐食物。对发病严重地区可试用羊口疮活疫苗进行预防接种（口唇黏膜内注射）。一旦羊群发现病羊要及时隔离治疗。

对于唇型病羊，可使用食盐或山苍子油对患部用力摩擦，直至流出血水；或使用水杨酸软膏将痂垢软化后除去痂皮，再涂以2%的甲紫或碘甘油或盐酸土霉素软膏等，每天1次，持续1~2周。对于蹄型病羊，可使用过氧化氢溶液清洗局部化脓灶后，再涂上盐酸土霉素软膏或青霉素软膏，有时也可以直接用5%碘酊涂擦脚患部，每天1次，连用3~5天。此外，对嘴巴肿痛、吃草困难的病羊，还要结合肌内注射双黄连注射液及青霉素。在治疗过程中要加强护理，饲喂一些柔软牧草或麸皮、牛奶等易消化食物，以提高本病的治愈率。

（三）羊伪结核棒状杆菌病

羊伪结核棒状杆菌病是由伪结核棒状杆菌感染而引起的一种羊慢性接触性传染病。临床上以淋巴结发生化脓性炎症为特征。

1. 病原

伪结核棒状杆菌又称化脓棒状杆菌、化脓隐秘杆菌，是一种多形性、无芽孢革兰阳性杆菌。新鲜脓汁中杆状占优势，而陈旧脓汁中以球状为主，在固体培养基上呈较为一致的球杆状。较长菌体的一端常变大，呈棒状，单在或以栅栏状排列。

2. 流行特点

本病在绵羊多见，山羊和牛也可发生。多为散发，无明显季节性。主要经创伤的皮肤而感染。病羊破溃的淋巴结、化脓灶及粪便和被污染的环境是本病的传染源。

3. 临床症状

在病羊的颌下、颈部、肩前、股前等部位的淋巴结肿大化脓（图 5-17 至图 5-19），一段时间后会自行破溃并流出绿色脓液而自愈，一般无明显的全身症状。病程可持续 1~2 个月，有时身体上一个脓疱破溃后，在身上的另一个地方又会出现一个或同时多个脓疱。

4. 病理变化

病羊消瘦，患部淋巴结肿大化脓，可形成包囊状的大脓肿，内含淡绿色奶油状内容物（图 5-20），干后呈干酪样或呈轮层状干酪状。有时在胸腔和腹腔内部的淋巴结也可形成脓肿（图 5-21，图 5-22）。

5. 诊断

对化脓淋巴结进行涂片染色和镜检可做出初步诊断。必要时可做细菌分离培养和鉴定。

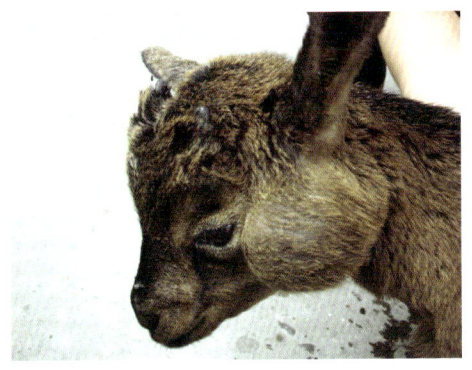

图 5-17　羊伪结核棒状杆菌病症状（颌下淋巴结明显肿大）

图 5-18　羊伪结核棒状杆菌病症状（颌下淋巴结轻度肿大）

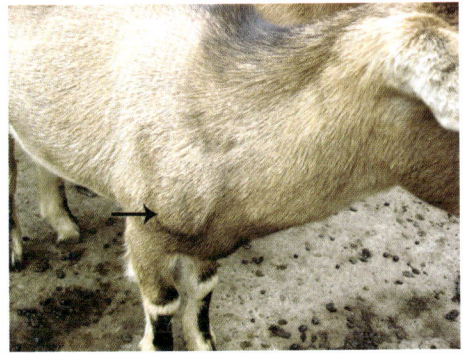

图 5-19　羊伪结核棒状杆菌病症状（肩前淋巴结肿大）

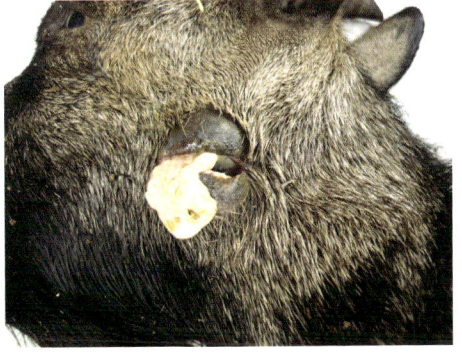

图 5-20　羊伪结核棒状杆菌病病理变化（脓肿内奶油状内容物）

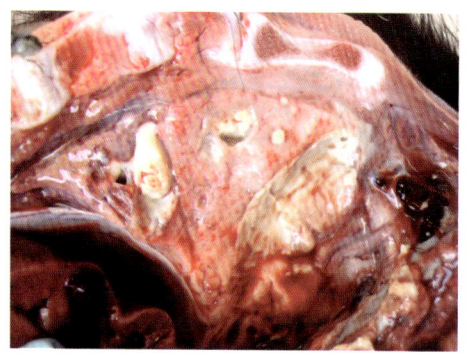 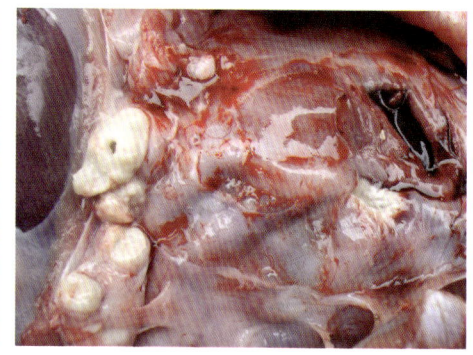

图5-21 羊伪结核棒状杆菌病病理变化（肺脏脓肿）　　图5-22 羊伪结核棒状杆菌病病理变化（胸腔脓肿）

6. 防治

平时要注意环境卫生，受损的皮肤及时用碘酊等进行消炎处理，防止感染病原。在发病的早期可使用大剂量的青霉素治疗，有一定效果。在本病的中后期以排脓为主，并对化脓灶用过氧化氢溶液冲洗后再使用乳酸依沙吖啶或甲磺灭脓等消炎处理。在外科处理过程中要注意环境的消毒和化脓灶废弃物无害化处理，以免成为本病的传染源。

（四）羊传染性角膜炎

羊传染性角膜炎是由莫拉杆菌引起的一种羊急性、接触性传染病。临床上以流泪、眼睑肿胀、角膜炎症溃疡为主要特征。

1. 病原

本病病原莫拉杆菌属于奈瑟球菌科莫拉杆菌属。莫拉杆菌较短胖，呈球杆状，长1.5~2.0微米，宽0.5~1.0微米，多呈二联排列，形状有丝状或短链状。无芽孢，不能运动，无荚膜，革兰阴性。抵抗力较弱，对青霉素敏感。

2. 流行特点

本病可发生于山羊、绵羊、牛、骆驼等动物，各种日龄羊均可感染。一年四季中以秋季发病率最高，发病率的高低与羊群的饲养水平、卫生条件及是否及时隔离病羊有很大关系。

3. 临床症状

病初羊羞明流泪（图5-23）、眼睑肿胀，有疼痛表现，随后眼角膜潮红（图5-24），接着羊角膜出现不同程度的灰白色混浊（翳膜）（图5-25），或角膜中央有灰白色小点，严重者出现失明症状（图5-26）。多数病羊只有一侧眼患病，少数也出现双侧眼睛都感染。病羊体温略升高，精神沉郁，常离群呆立，行走时易摔倒或因眼睛看不见而影响采食，最终出现机体消瘦，衰竭死亡。

图5-23　羊传染性角膜炎症状（羞明流泪）

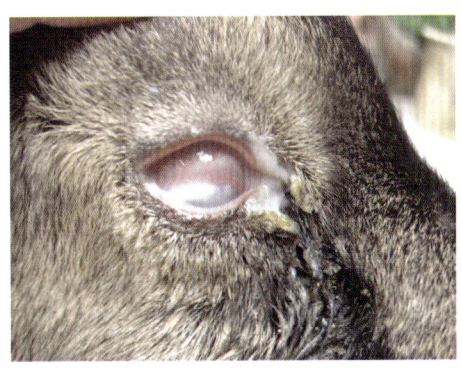
图5-24　羊传染性角膜炎症状（眼角膜潮红）

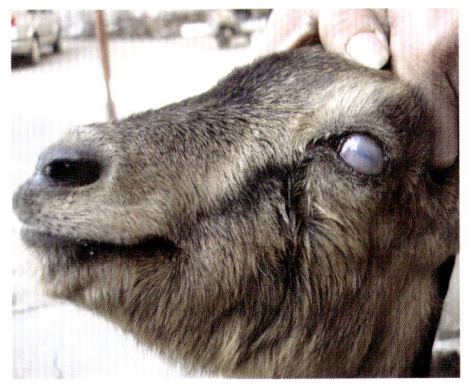
图5-25　羊传染性角膜炎症状（眼角膜轻度混浊）

图5-26　羊传染性角膜炎症状（眼睛失明）

4.病理变化
早期眼角膜充血，后期眼角膜增厚，并发生溃疡或穿孔现象。

5.诊断
在临床上根据流行特点和临床症状可做出初步诊断。必要时可对患病眼睛进行细菌分离培养及鉴定。

6.防治
平时尽量减少强光和尘埃对羊眼睛的刺激，对病羊要及时隔离治疗，并加强羊舍的消毒工作，做好灭蝇灭昆虫工作。对病羊的眼睛要先用2%硼酸溶液洗眼，拭干后再用利福平眼药水或1%~2%黄降汞软膏或氯霉素眼药水滴眼，每天1~2

次，连用5~7天。必要时也可选用盐酸普鲁卡因和青霉素进行眼底封闭疗法，或采用羊静脉血1毫升配合磷酸地塞米松0.5毫升对患眼上下眼皮注射0.5毫升，进行自家血疗法，也有一定的效果。此外，还可以使用纯中药决明散（石决明13克、草决明13克、黄连7克、黄药子11克、大黄8克、黄芩8克、白药子10克、栀子10克、没药4克、郁金7克、黄芪9克）研磨后冲开水，待温后加鸡蛋清、蜂蜜等为引一起灌服，连用2~3天，也有较好的效果。

（五）羊葡萄球菌病

羊葡萄球菌病是由金黄色葡萄球菌引起的一种羊传染病，为人畜共患病。临床上以组织器官化脓性炎症或全身性脓毒败血症为特征。

1. 病原

本病病原金黄色葡萄球菌为革兰阳性菌，常呈葡萄穗状排列，能产生血浆凝固酶，还能产生多种能引起急性胃肠炎的肠毒素。

2. 流行特点

金黄色葡萄球菌在自然环境中分布极为广泛，是动物体表及呼吸道的常在菌。多种动物及人均易感，各种途径均可感染，其中常见经破损的皮肤和黏膜感染。此外，金黄色葡萄球菌也常成为其他传染病混合或继发感染的病原。

3. 临床症状

病羊常表现急性化脓、坏疽性乳房炎。可见乳房发红、发热、高度胀大（图5-27）、疼痛，乳汁呈红色或黄色、有恶臭，母羊不让羔羊吮乳。羔羊则表现为化脓性皮炎或脓毒血症。

4. 病理变化

内脏器官可见大小不等的脓肿，切开脓肿物可见糊状或浓稠的黄色脓汁，脓肿周围可见明显的包囊（图5-28）。

5. 诊断

根据化脓、坏疽性乳腺炎，皮下、肌肉与其他脏器的脓肿等症状，可做出初步诊断。确诊还需要进行细菌学检验。

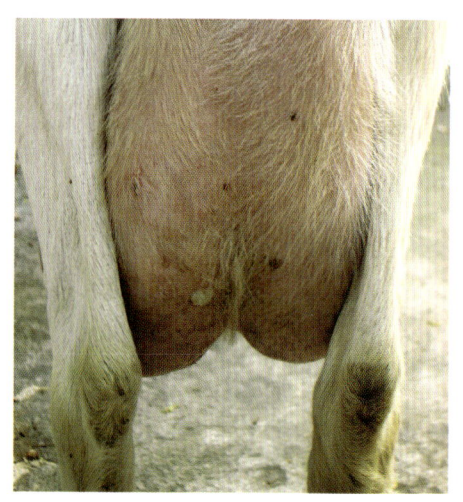

图5-27 羊葡萄球菌病症状（母羊乳房发红，高度肿胀）

如有条件，可对从病羊体内分离的菌株进行抗菌素抑菌试验，选择敏感药物进行治疗。

6. 防治

加强饲养管理，改善羊舍的环境卫生，避免外伤，提高机体的抵抗力等，可大大降低本病的发生率。治疗以青霉素为首选药物，硫酸庆大霉素及硫酸卡那霉素等也有较好疗效。

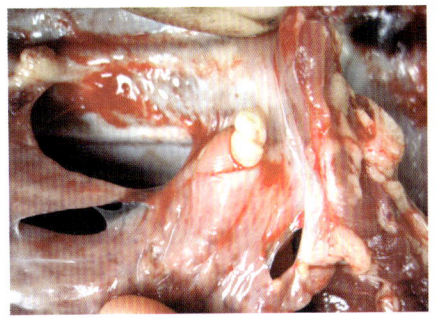

图 5-28　羊葡萄球菌病病理变化（肺脏有脓肿）

（六）羊结核病

羊结核病是由结核分枝杆菌属中3种分枝杆菌引起的一种羊慢性传染病，为人畜共患病。临床上以组织器官形成结核结节，即结核性肉芽肿为特征。

1. 病原

本病病原是分枝杆菌属的3个种，即结核分枝杆菌、牛分枝杆菌和禽分枝杆菌。牛分枝杆菌和禽分枝杆菌可感染绵羊，结核分枝杆菌可感染山羊。分枝杆菌为革兰阳性菌，不产生芽孢和荚膜，不能运动，常用抗酸染色来观察其形态。

2. 流行特点

患有结核病的羊是本病的传染源，可通过呼吸道、消化道和损伤皮肤传染，其中以呼吸道传播为主。本病一般呈散发或地方流行性，季节性不明显，发病程度与饲养管理关系较大。奶山羊易感性较强。

3. 临床症状

羊结核病一般呈慢性经过，初期无明显症状，后期病羊明显消瘦，呼吸困难，有时有黄色鼻液流出，甚至含血丝。湿性咳嗽，肺部听诊有明显湿啰音。有的病羊体表淋巴结肿大发硬，乳房有肿大结节（图5-29）。

4. 病理变化

剖检可见肺脏表面聚集有黄色或白色结节性脓肿（图5-30），或者聚集成

图 5-29　羊结核病症状（乳房肿大结节）

片的小结节。喉头和气管黏膜偶见有溃疡。偶见心包膜内有大小不等的结节，内含有豆腐渣样的内容物。

5. 诊断

依据流行特点、病理变化、结核菌素试验、细菌学和血清学试验等做出诊断。病羊生前很难做出诊断，只有当呼吸道症状特别明显时才可能引起怀疑，此时可用实验室方法进一步确诊。

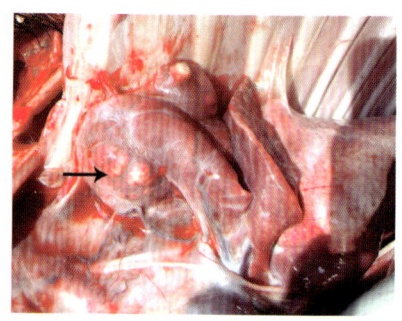

图5-30 羊结核病病理变化（肺脏表面黄白色结节状脓肿）

6. 防制

本病以检疫、扑杀、消毒、净化饲养场等为主要防制措施，杜绝输入性病例。一般不予治疗，必要时可选用异烟肼、硫酸链霉素、利福平等药物进行治疗。

（七）羊坏死杆菌病

羊坏死杆菌病是由坏死梭杆菌引起的一种羊慢性传染病。其特征为蹄部腐烂和口咽部黏膜坏死，有时在其他脏器（如肝脏）也可形成转移性坏死灶。

1. 病原

本病病原为坏死梭杆菌，革兰阴性，严格厌氧，具有多形性。小者呈球杆状，大者呈长丝状，染色时因着色不均犹如串珠状。坏死梭杆菌对热、常用消毒剂及4%的醋酸均敏感。

2. 流行特点

坏死梭杆菌可侵害多种动物（包括绵羊、山羊、猪、牛、马等）。病畜及带菌动物是本病的传染源，主要是经损伤的皮肤和黏膜而感染。新生幼畜可经脐带感染。一年四季均可发生。

3. 临床症状

绵羊较多见，常侵害蹄部，以蹄部皮肤、韧带和骨骼的进行性坏死为特征。病羊初期跛行，多为一肢患病。蹄间隙、蹄踵和蹄冠皮肤红肿，继而发生坏死和溃疡（图5-31），

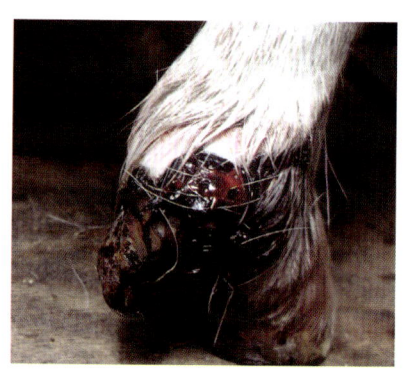

图5-31 羊坏死杆菌病症状（蹄部皮肤红肿、坏死和溃疡）

挤压时有恶臭的脓液流出。随病程的发展，关节也坏死，严重者蹄壳脱落。病轻者能很快恢复，重者往往由于内脏（肝脏、肺脏）形成转移性坏死灶而死亡。羔羊发生坏死性杆菌病时，易引发坏死性口炎，表现发热、流涎、呼吸困难、口腔疼痛、不吃草等症状。

4. 病理变化

病羊的蹄部皮肤和角质交界处出现炎症，出现蹄叶炎或腐蹄病变。个别肝脏肿大或肝脏脓肿。羔羊可发生坏死性口腔炎（又称白喉），齿龈、颊、硬腭、舌及咽喉黏膜肿胀、坏死，形成假膜，强行剥开则露出溃疡面。

5. 诊断

根据蹄部、口腔黏膜坏死病变和临床症状可做初步诊断。必要时从病羊的局部病灶与健康组织的交界处采取病料涂片，用稀释石炭酸复红或碱性美蓝染色，镜检如见着色不匀、犹如串珠样的细长丝状菌即可确诊。本病的病变部位多在蹄部和口腔，因此应注意与羊口蹄疫、传染性脓疱进行鉴别诊断。

6. 防治

本病预防无特异性疫苗可提供使用，只有采取综合性预防措施，加强饲养管理，保持环境清洁、干燥，防止皮肤和黏膜发生损伤。如发生破损，要及时用5%碘酊消毒处理，发病后采用局部疗法。如发生转移性病灶，应进行全身治疗，以注射磺胺嘧啶钠注射液或盐酸土霉素效果较好，同时配合使用强心和解毒药物，可加速康复，提高治愈率。

①局部疗法。对腐蹄者，彻底切除坏死组织，并用10%~20%硫酸铜或5%福尔马林或1%高锰酸钾溶液清洗蹄部，再撒以磺胺结晶粉，并用经青霉素水剂浸湿的绷带包扎，每天或隔天换药1次。或洗蹄后涂上抗生素软膏，再用绷带包扎。对坏死性口腔炎，要先除去口腔内的坏死物，再用0.1%高锰酸钾液冲洗，然后涂抹碘甘油或撒布冰硼散进行治疗。

②全身疗法。采用20%复方磺胺嘧啶钠注射液，肌内注射8毫升，每天2次，连用5天。或采用盐酸土霉素（每千克体重20毫克），肌内注射，每天1次，连用5天。或采用硫酸庆大霉素注射液16万~32万单位，加维生素C注射液2~4毫升、维生素B_1注射液2毫升，静脉注射，每天2次，连用3~5天。或采用龙骨30克、枯矾30克、乳香20克、乌贼骨15克，共研细末，适量撒布于患部，每天1~2次，连用3~5天。

本病治疗不能只注重病变部位的处理，还应注意全身抗菌治疗，并做好病羊的护理工作。

（八）羊疥螨病

羊疥螨病是由疥螨科疥螨属的山羊疥螨和绵羊疥螨分别寄生在山羊和绵羊皮肤上引起的一种羊寄生虫疾病。

1. 病原

山羊疥螨的雄螨大小为（0.230~0.243）毫米 ×（0.180~0.190）毫米，雌螨大小为（0.340~0.350）毫米 ×（0.300~0.310）毫米，肉眼不易看到。虫体呈圆形或龟形，背腹扁平，头、胸和腹融为一体。前端有咀嚼式口器，背部有小棘和刚毛，腹面有4对足，其中2对向前伸，2对向后伸，不发达。雄螨第1、2、4对足上有柄和吸盘，第3对足上只有1根刚毛。雌螨第1、2对足上有柄和吸盘，第3、4对足上各有1根刚毛（图5-32）。绵羊疥螨的大小和结构与山羊疥螨类似。疥螨的发育经虫卵、幼虫、若虫和成虫4个阶段，整个发育周期为18~22天。

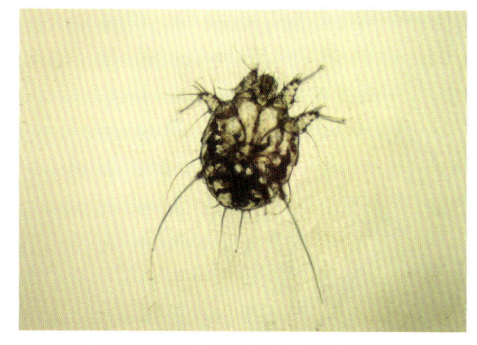

图5-32 雌性羊疥螨虫体形态

2. 流行特点

羊疥螨病在全国各地流行广泛，一年四季均可发生，但在冬季多发。山羊螨只感染山羊，绵羊疥螨只感染绵羊。本病的传染源是病羊或隐性带虫羊，通过直接接触传播或通过被螨及其虫卵污染过的畜舍用具间接传播。此外，本病的发生与畜舍卫生条件差、潮湿阴暗、饲养密度大、羊只抵抗力差都有关。

3. 临床症状

山羊疥螨多发生于头部（如头顶部、嘴唇四周、眼圈、耳朵）皮肤（图5-33至图5-36）、尾根皮肤（图5-37），也可蔓延到腋下、腹下、四肢内侧无毛或少毛部位。严重时可出现口唇皮肤皲裂，并造成采食困难。此外，病羊皮肤瘙痒，经常在墙上或树干上摩擦患部，也可看到局部脱毛和炎症渗出等症状。病程稍长的病例，局部干

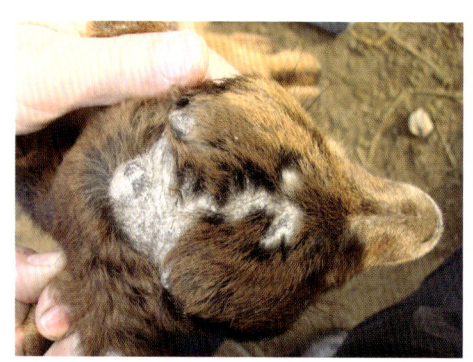

图5-33 羊疥螨病症状（头顶部皮肤长癣）

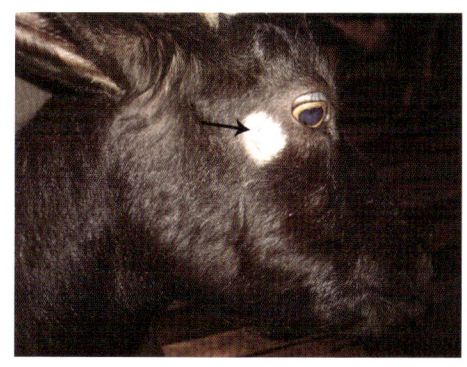
图 5-34 羊疥螨病症状（眼眶下皮肤长癣）

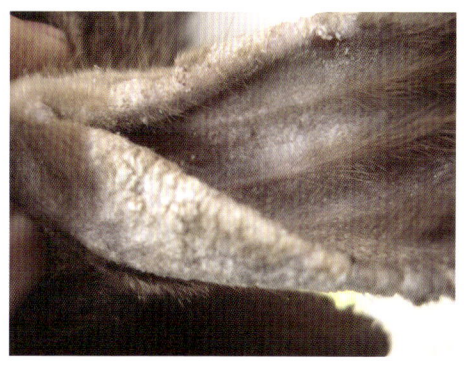
图 5-35 羊疥螨病症状（耳朵皮肤严重长癣）

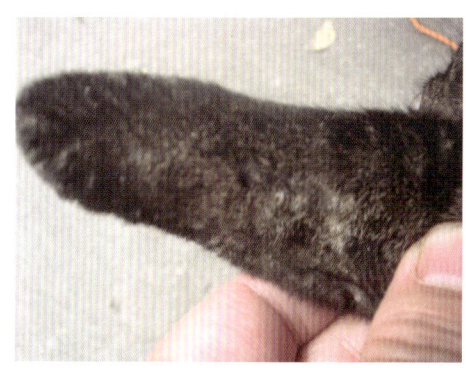
图 5-36 羊疥螨病症状（耳朵皮肤轻度长癣）

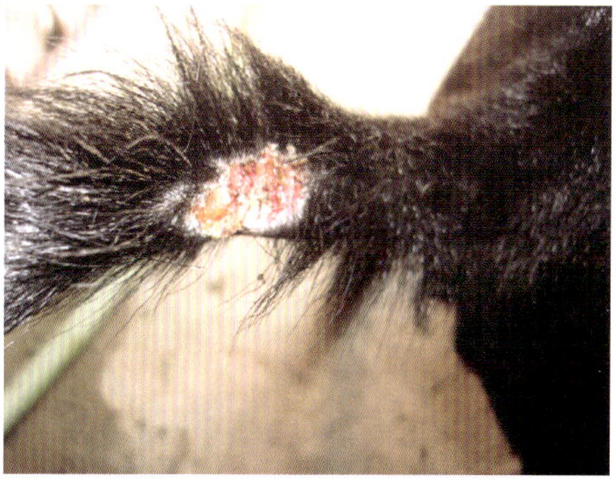

图 5-37 羊疥螨病症状（尾根皮肤长癣）

涸后变成白色痂皮。绵羊疥螨病症状主要出现在头部、嘴唇四周、鼻子边缘及耳根下面。病后期局部可形成白色胶冻样痂皮，严重时可导致食欲废绝，甚至衰竭死亡。

4. 病理变化

病死羊消瘦、贫血，病变局部组织炎症、水肿、皮肤增厚，若有继发其他疾病，则病变更复杂化。

5. 诊断

根据临床症状及病理变化可做出初步诊断。要确诊可在患局部和健康皮肤交界处，用手术刀刮取痂皮直至微量出血为止，并将所刮取的病料装入试管内，加入 10% 氢氧化钾或氢氧化钠溶液，煮沸融化后静置 20 分钟或离心后取管底沉渣进行镜检，看看有无疥螨。

6. 防治

加强饲养管理，控制羊舍密度，做好羊舍环境卫生，定期用杀螨制剂（如

1%~2%敌百虫)进行喷洒。对新引进的种羊要确定无疥螨病后方可混群饲养。对病羊要及时隔离治疗,病变局部要先剪毛,并用温肥皂水或5%复合酚消毒水刷洗干净后再用药物处理。局部处理的药物有0.05%辛硫磷乳油水剂、0.025%三氯杀螨醇乳液、1%~2%的敌百虫溶液、0.0025%溴氰菊酯溶液等,同时还可以用1%阿维菌素或伊维菌素进行肌内注射。在缺乏上述药物的养羊场,也可以考虑使用煤油或克辽宁搽剂等对患部进行多次涂擦,也有一定的效果。在治疗过程中必须还要注意几个问题:首先,要重复用药,即在第1次治疗后每隔7~8天要重复治疗1次,连续用药3~5次才能起到较好的治疗效果;其次,病羊的毛屑等废弃物要做无害化处理,用具要彻底清洗消毒干净,以免传播到其他的羊只。在用药过程中或用药后若出现中毒症状,要及时用温水冲洗局部,并用相对应的解毒药进行解救。

(九)羊痒螨病

羊痒螨病是痒螨科痒螨属的山羊痒螨和绵羊痒螨分别寄生在山羊和绵羊皮肤上引起的一种寄生虫疾病。

1. 病原

山羊痒螨成虫呈长圆形,体长0.5~0.9毫米,肉眼可见。虫体前端有长圆锥形的口器,螯肢细长,须肢也细长。虫体背面无鳞片和棘,肛门位于躯体末端。腹面有4对足,较长。雄螨的1、2、3对足有吸盘,第4对足很短、无吸盘和刚毛(图5-38)。雌螨的第1、2、4对足有吸盘,而第3对足无吸盘,但有2根刚毛(图5-39)。

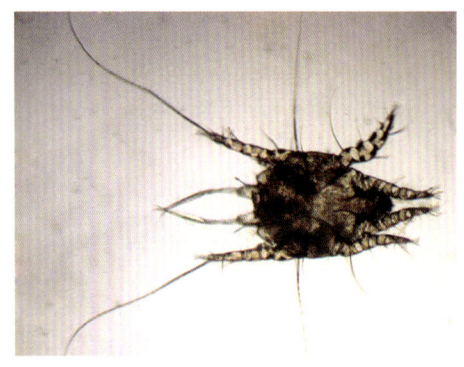
图5-38 雄性山羊痒螨虫体形态

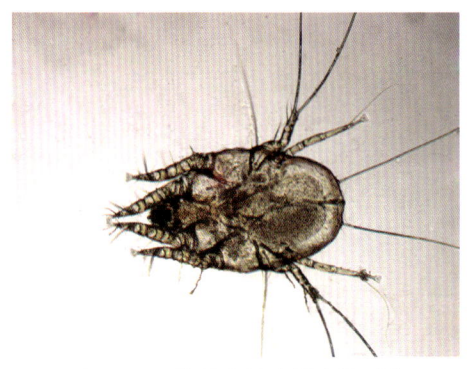
图5-39 雌性山羊痒螨虫体形态

绵羊痒螨成虫呈长圆形，体长0.5~0.9毫米，肉眼可见。口器长，呈圆锥形，螯肢细长，须肢也细长。雄螨的1、2、3对足都有吸盘，第4对足特别短，没有吸盘和刚毛。雌螨的第1、2、4对足都有吸盘，而第3对足无吸盘，但有2根长刚毛。雄螨虫体末端有2个大结节，上各有长毛数根，腹面后部有2个性吸盘。雌螨腹面前部有一个宽阔的生殖孔，后端有纵裂的阴道，阴道背侧为肛门。

2. 流行特点

病原卵生，虫卵经过幼虫和若虫阶段再发育成虫，整个发育过程需10~12天，都在羊体表完成，以吸取体液为营养。绵羊痒螨只感染绵羊，山羊痒螨只感染山羊。痒螨的传播一般都通过羊只直接接触传播或通过用具、羊舍的间接传播。各种日龄均可发生。羊场中一旦有病原存在，就不容易彻底根除。本病多发生在冬季和秋末春初。

3. 临床症状

山羊痒螨主要发生在耳廓内面，在耳内出现黄色痂皮，将耳道阻塞，结果导致山羊变聋，食欲不振，最后衰竭而死亡。此外，也会导致皮肤出现大面积白色痂皮面脱毛（图5-40）。绵羊痒螨在绵羊是一种常见病，多发生于密毛部位（如背部、臀部），然后波及绵羊全身，常表现为羊毛结成囊状或体躯下部不清洁，全身毛发凌乱，严重时全身被毛脱光。

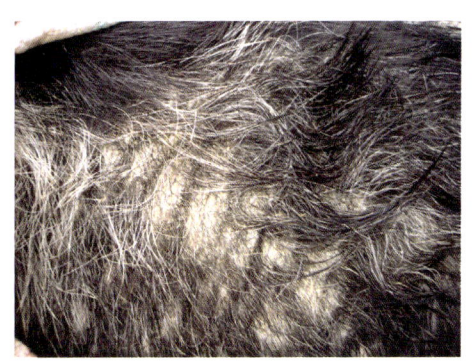

图5-40 羊痒螨病症状（山羊痒螨导致皮肤出现大面积痂皮而脱毛）

4. 病理变化

患部皮肤炎症水肿，并出现湿润、脱毛，形成浅黄色痂皮。

5. 诊断

可根据病羊的临床症状做出初步诊断。确诊可参照羊疥螨病的诊断方法。

6. 防治

本病的预防要加强饲养管理，控制羊舍饲养密度，做好羊舍环境卫生，定期用杀螨剂对舍内外进行杀虫处理。病羊要及时隔离和及时治疗。治疗本病可选用溴氰菊酯（按0.0025%浓度外浴）、辛硫磷乳油水剂（按0.05%浓度外浴）、三氯杀螨醇（按0.025%浓度外浴）、敌百虫（按1%~2%浓度外洗），以及用1%伊维菌素注射液进行肌内注射，均有一定效果。由于本病不易根治，治疗时需要重复用药。

（十）山羊蠕形螨病

山羊蠕形螨病是蠕形螨科蠕形螨属的山羊蠕形螨寄生于山羊的毛囊或皮脂腺内引起的一种皮肤寄生虫病。

1. 病原

本病病原虫体狭长如蠕虫样，呈半透明乳白色（图5-41），大小为（0.20~0.24）毫米×（0.051~0.086）毫米，体表有明显的环纹，分颚体、足体、末体3个部分。短喙状刺吸式口器，颚体呈不规则四边形，由1对螯肢、1对须肢和1个口下板组成。足体有4对短粗的足。末体较长，约占虫体2/3以上，表面具明显的环状批皮纹。雄虫的雄茎自足体背面突出；雌

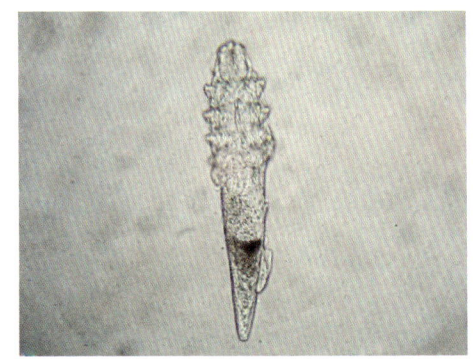

图5-41　山羊蠕形螨虫体形态

虫的阴门为一狭长的纵裂，位于腹面第4对足基节片之间的后方。虫卵呈宽卵圆形。

2. 流行特点

本病只发生于山羊。成年羊较幼年羊症状明显。病羊和带虫羊是传染源，通过直接接触传播或通过工具等间接传播。一年四季均可发生，在夏秋季节更为明显。

3. 临床症状

本病主要发生在山羊的肩胛、四肢、颈部、腹部或头部皮肤（图5-42、图5-43），在皮下可触及很多黄豆至蚕豆大小、近圆形、高于皮肤的结节，结节外

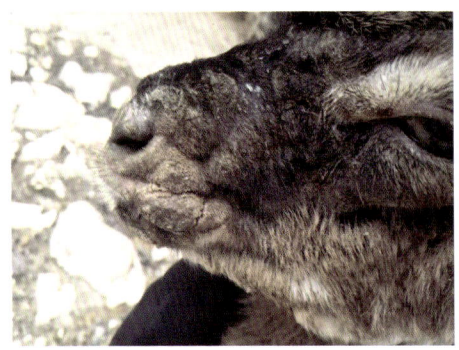

图5-42　山羊蠕形螨病症状（头顶部皮肤长蠕形螨）

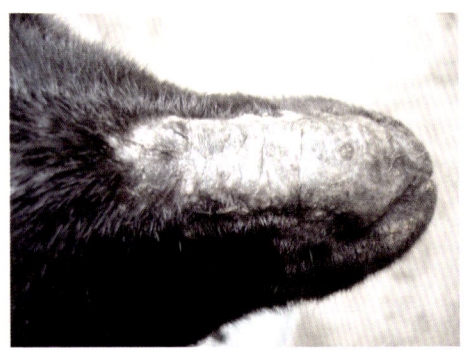

图5-43　山羊蠕形螨病症状（鼻部皮肤长蠕形螨）

皮肤稍红，部分结节中央有一个小孔，用手可挤出黄色干酪样物质。重度感染时可导致病羊消瘦，被毛粗乱，衰竭而死亡。本病对山羊的皮革质量影响很大。

4. 病理变化

病羊局部皮肤变厚，出现许多高出皮肤的结节，可挤出黏稠的皮脂或淡红色脓液，皮肤脓疱结节破溃后会形成溃疡或覆盖麸皮样鳞屑，有难闻臭味。有的皮肤会皲裂、脱毛。

5. 诊断

切开皮肤上的结节或挤出脓疱，刮取脓疱或分泌物于载玻片上加甘油水，在低倍镜下检查，发现虫体即可诊断。

6. 防治

对病羊进行隔离治疗，局部皮肤要先剪毛，后用过氧化氢溶液清洗干净后，再用双甲脒或辛硫磷或溴氰菊酯等涂擦患部，间隔7~10天再重复用药。此外，也可肌内注射阿维菌素注射液。在治疗过程中要注意环境的清洁消毒和对症治疗。

（十一）羊硬蜱病

羊硬蜱病是硬蜱寄生于羊体表引起的一种吸血性外寄生虫病，临床上以羊的急性皮炎和贫血为主要特征。

1. 病原

本病病原为硬蜱科的多种硬蜱。在我国，危害羊群的硬蜱种类有血蜱属的长角血蜱（图5-44、图5-45）、璃眼蜱属的残缘璃眼蜱（图5-46）、扇头蜱属的血红扇头蜱（图5-47、图5-48）、牛蜱属的微小牛蜱（图5-49、图5-50）、硬蜱属的全沟硬蜱等。成蜱饥饿时呈黄褐色，前窄后宽、背腹扁平、长卵圆形，芝麻粒到大米粒大。

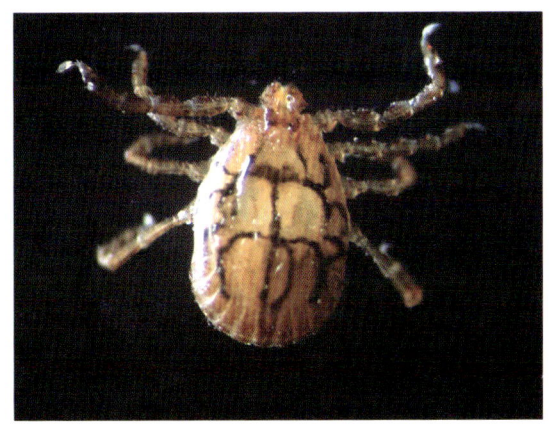

图5-44 长角血蜱雄虫背面形态

虫体前端有口器，可穿刺皮肤和吸血。吸饱血的硬蜱体积增大几十倍，如蓖麻子大，呈暗红色或红褐色。

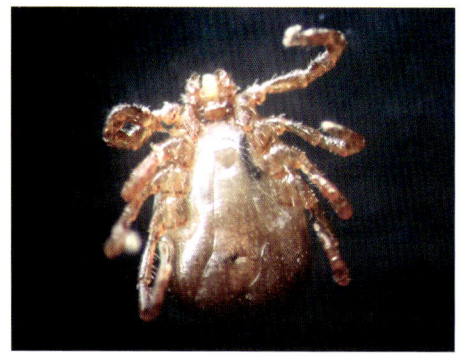
图5-45　长角血蜱雄虫腹面形态

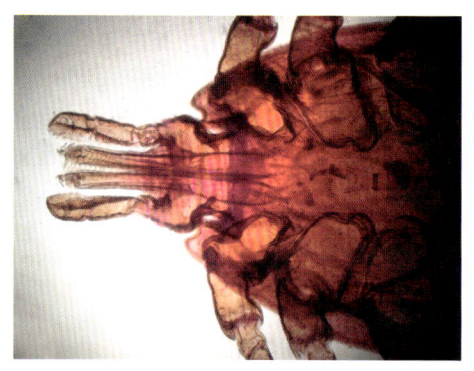
图5-46　残缘璃眼蜱头部形态

图5-47　血红扇头蜱雄虫背面形态

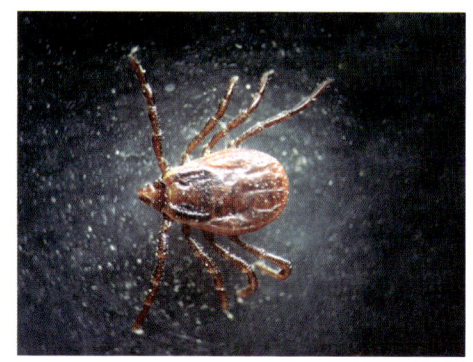
图5-48　血红扇头蜱雌虫背面形态

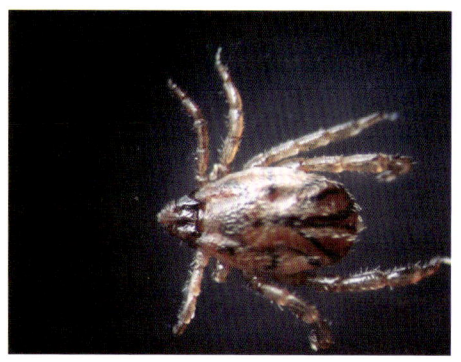
图5-49　微小牛蜱雄虫背面形态

图5-50　微小牛蜱雌虫背面形态

2. 流行特点

硬蜱分布广泛。各种硬蜱的活动季节有所不同，一般来说，每年的2月末到11月中旬都有硬蜱活动。硬蜱可侵袭各种品种的羊及牛、马、禽等多种动物和人。各种日龄羊均可发生。羊被硬蜱侵袭多发生在白天放牧采食过程中（少数为舍内蜱）。硬蜱主要寄生于羊的皮薄毛少部位，以耳廓、头面部、腹下内侧等部位寄生较多。硬蜱的发育经虫卵、幼虫、若虫和成虫4个阶段。吸饱血的雌蜱落地产卵，一生只产1次卵，数量可达几千上万个。

3. 临床症状

硬蜱对羊的危害包括直接危害和间接危害两个方面：直接危害是寄生部位有头部、耳朵、腹下、腿部内侧皮肤（图5-51至图5-54），影响羊只采食，造成局部痛痒和皮肤损伤，有的出血，甚至出现血痂、皮肤肥厚等症状。若继发细菌感染，可引起化脓、肿胀或蜂窝组织炎等。硬蜱叮咬时会注入毒素，导致病羊出现神经症状及麻痹，引起"蜱瘫痪"。大量硬蜱密集寄生的病羊可导致严重贫血、消瘦、生长发育缓慢、皮毛质量降低、泌乳羊产奶量下降等。部分怀孕母羊会出现流产。间接危害是硬蜱叮咬和吸血时，还可随唾液把巴贝斯虫、泰勒虫及一些病毒、细菌及立克次体等病原注入羊体内，而使羊只感染相应的疾病。

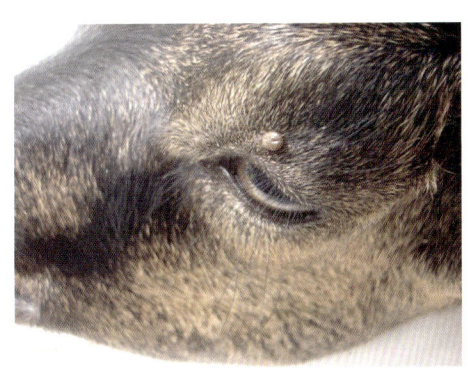
图5-51 羊硬蜱病症状（蜱虫寄生在眼上方皮肤上）

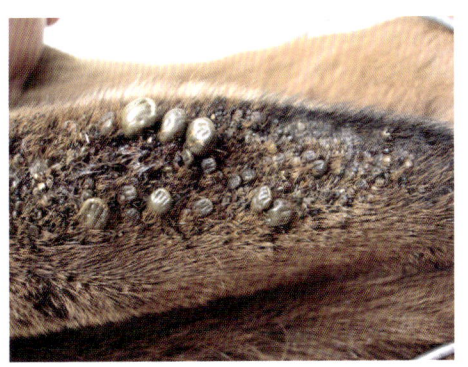
图5-52 羊硬蜱病症状（蜱虫寄生在耳朵皮肤上）

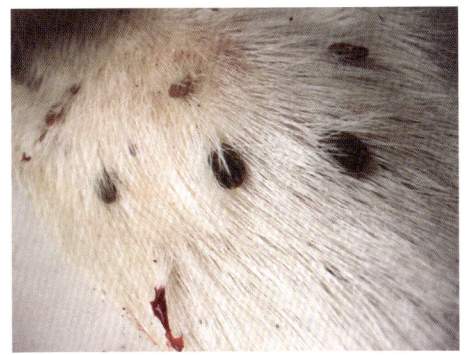
图5-53 羊硬蜱病症状（蜱虫寄生在腹下皮肤上）

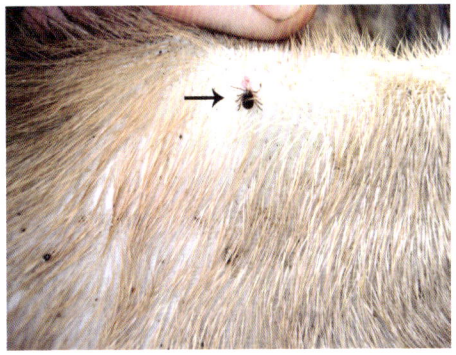
图5-54 羊硬蜱病症状（蜱虫寄生在腿部内侧皮肤上）

4.病理变化

病羊出现消瘦和贫血症状。此外，硬蜱会导致附着部位皮肤的损伤，引起局部组织发炎、水肿、皮肤增厚等。如果硬蜱有传播疾病，还会出现相应疾病的病变。

5.诊断

在羊身上检出大小不同的蜱虫（图5-55），即可做出初步诊断，至于是哪一种蜱虫，需要做进一步鉴定。

6.防治

预防上要减少放牧，定期灭蜱。杀灭羊体上的硬蜱可用辛硫磷乳油水剂（按0.05%浓度）或溴氰菊酯（按0.0025%浓度）外浴，或1%敌百虫喷淋、药浴、涂擦羊体；或用伊维菌素或阿维菌素（按每千克体重0.2毫克，皮下注射），对各发育阶段的蜱均有良好的杀灭效果。间隔15天左右再用药1次。对羊舍和周围环境中的硬蜱，可用上述药物或1%~2%马拉硫磷或辛硫磷喷洒畜舍、柱栏及墙壁和运动场，以灭硬蜱。感染严重且羊体质较差，伴有继发感染者，应注意对症治疗。

图5-55 在羊身上检出大小不同的蜱虫虫体

（十二）羊虱病

羊虱病是毛虱、颚虱等寄生于羊毛或羊体表上引起的一种外寄生虫病。临床上以羊的蹭痒、不安以及由此造成的皮肤损伤、脱毛、生产性能降低等为主要特征。

1.病原

本病病原为毛虱科毛虱属的山羊毛虱和颚虱科颚虱属的绵羊颚虱、足颚虱、狭颚虱等。山羊毛虱的体长0.5~1.0毫米，体扁平、无翅，多扁而宽（图5-56）；头部钝圆，其宽度大于胸部，咀嚼式口器；胸部分为前胸、中胸和后胸，中胸、后胸常有不同程度的愈合，头部侧面有触角1对，由3~5节组成；每一胸节上着生1对足；腹部由11节组成，但最后数节常变成生殖器。颚虱科颚虱属的绵羊颚虱、足颚虱、狭颚虱（图5-57）等，体背腹扁平，头部较胸部为窄，呈圆锥形；触角短，通常由5节组成；口器刺吸式，不吸血时缩入咽下的刺器囊内；胸部3节，有不同程度的愈合；足3对，粗短有力；腹部由9节组成。不同种类的颚虱，其

图 5-56　山羊毛虱虫体形态　　　　图 5-57　狭颚虱虫体形态

形态结构略有不同。羊虱营终生寄生生活，其中毛虱以啃食毛及皮屑为生，颚虱以吸食羊的血液为生。

2. 流行特点

本病一年四季均可发生，但严重发病时间在每年的10月份至次年的6月份。绵羊、山羊的颚虱和毛虱多为混合感染，山羊比绵羊更易感染。传染源是病羊和带虫羊，通过接触传播或工具、羊舍间接传播。

母羊在哺育羔羊时发生虱病，毛虱可迅速侵袭羔羊，感染率为100%，感染强度大。

3. 临床症状

病羊表现不安，用嘴啃、蹄弹、腿挠解痒。此外，还表现经常在木桩、墙壁等处擦痒。轻度感染时，可引起病羊脱毛、消瘦、发育不良，结果导致产毛、产绒、产肉、产奶等生产性能降低。羔羊感染时被毛粗乱而无光泽，生长发育不良。由于羔羊经常舔吮患部和食入舍内的羊毛，经常可见胃肠道毛球病。严重感染时，肉眼可见在皮毛上有大量羊虱在爬动（图5-58）。

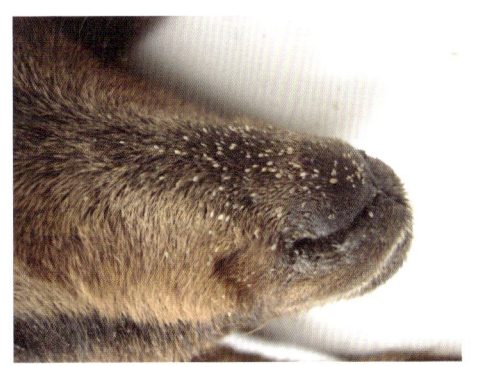

图 5-58　羊虱病症状（头部皮肤上可见毛虱在爬动）

4. 病理变化

毛虱、颚虱等侵袭羊体后，会造成局部皮肤损伤、水肿、肥厚，甚至造成细菌感染，引起化脓、肿胀和发炎等。当幼虱大量侵袭羊体后，还可形成严重贫血。

5.诊断

根据流行病学和临床症状可做出初步诊断。在羊体表面检出虱或虱卵即可确诊（图5-59、图5-60）。

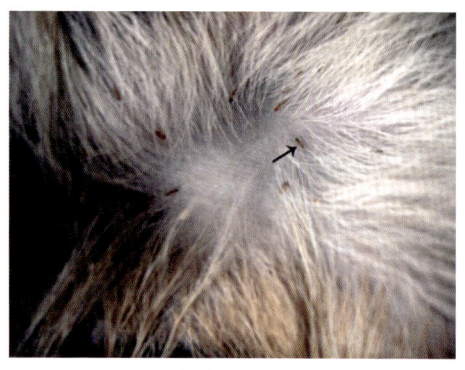

图5-59 皮肤上可见毛虱在爬动　　图5-60 皮肤上可见毛虱虫卵

6.防治

预防上要加强饲养管理，做好羊舍卫生清洁，控制饲养密度，不用垫料。杀灭羊体上的羊虱可用伊维菌素注射液（按每千克体重0.2毫克，皮下注射），或伊维菌素预混剂（按每千克体重0.2毫克，内服），也可用辛硫磷乳油水剂（按0.05%浓度，外浴）进行治疗。

（十三）羊虻病

羊虻病是由虻科中各种虻暂时性寄生在羊（牛等动物也可感染）皮肤上引起的一种寄生虫疾病。

1.病原

本病病原为虻科中各种虻。体形像蝇，头大、足短、翅宽，有触角，由3节组成，第3节端部由3~7节组成触角尖端，不同于蝇类触角芒。触须1~2节。刺吸型口器。有翅，与蝇类翅脉不同，靠翅后缘处有5个后室，1个封闭中室。足与其他双翅目昆虫不同之处是足端有1对大的爪及1对爪垫，中刺和爪间体十分发达，成为爪间垫。虻腹部较扁平，尾端呈尖形或方钝形，明显可辨的有7节。背面有色彩深淡不同的纵条纹或横带纹（图5-61）。

2.流行特点

虻的发育属于完全变态。虫卵产于近水边的植物或其他物体上，数日后孵化出幼虫，幼虫落入浅水中或湿土壤中进一步发育。经数月到 1 年时间，通过 6~8 次的蜕化后在干土壤中化成蛹，蛹期为半个月，最后羽化为成虫。雄性成虻不吸血，只吸植物汁液。雌虻除吸植物汁液外，在产卵前必须吸血（主要吸家畜，如牛、羊的血）。在炎热季节，白天活动为主。

虻类昆虫以吸牛、羊等家畜血液为主，有时也吸人血。每年以夏秋季节居多。由于虻的种类众多，不同地域有不同的虻种类。

图 5-61　羊虻虫体形态

3. 临床症状

雌虻叮咬动物时，先以强大的口器刺入并撕裂皮肤，注入唾液，待血液流出后再舔吸血液，故对家畜可造成强烈的痛觉和长时间流血，并严重骚扰家畜休息和采食。此外，虻类吸血时还能机械地传播一些病原体（如伊氏锥虫、炭疽杆菌等）。

4. 病理变化

病羊局部皮肤出现炎症、水肿病变。若并发其他传染病，则病变更为复杂。

5. 诊断

根据症状和病理变化可做出初步诊断。由于虻种类众多，要确定是哪一种虻类，需对其大小、形态、结构进行细致观察和鉴定。

6. 防治

目前还没有切实可行的防治方法。在虻类较多时，应避开中午放牧，而选择早、晚放牧。此外，要结合农事，做好排水和土壤改良、填平洼地、铲除水边杂草等工作。同时，还可以结合人工扑杀各种虻类，或使用一些低毒农药进行体外喷洒，也有一定效果。

（十四）羊蚤病

羊蚤病是蚤科和蠕形蚤科中多种蚤寄生于山羊体表引起的一种外寄生虫病。

1. 病原

寄生于羊身上的蚤类有多种，包括蚤科蚤属的致痒蚤、蠕形蚤科蠕形蚤属的花蠕形蚤、蠕形蚤科长喙蚤属的羊长喙蚤等。在此着重介绍致痒蚤。

致痒蚤眼大，几乎与触角棒节等大，圆而色深（图5-62）。眼鬃1根，位于眼的下方。触角棒节短而圆。下颚内叶宽而短，锯齿发达，分布从基部以至末端。后头鬃只有1根。无颊栉和前胸栉。中胸侧板狭窄。无垂直的棒形侧板杆。各足都发达，后足尤甚。后足基节内侧亚前缘有短壮的刺鬃1~2列，雌雄都只有1根臀前鬃。雄性抱器第1突起遮盖着第2~3突起，

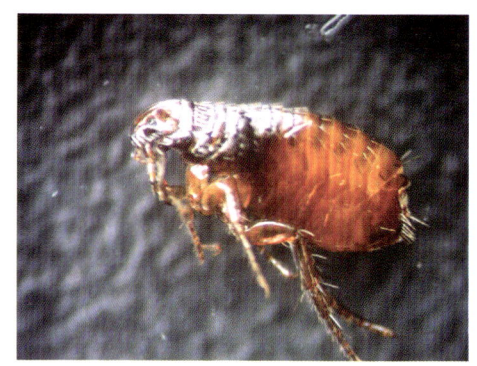

图5-62 致痒蚤虫体形态

宽大而呈半环状，高于臀板，边缘密生细鬃。雌性第7腹板后缘有1个小凹陷。受精囊头部近圆形，较小，尾部较头部细长。

2. 流行特点

蚤寄生于多种动物身上，包括犬、猫、山羊、猪、牛、马等。各种动物之间可相互传播。一年四季均可发，多见于冬春两季，与羊舍卫生条件差、垫料不洁净、多种畜禽混养有关。

3. 临床症状

病羊骚动不安，常用身体摩擦墙壁或树枝，在皮肤上可见蚤爬动（图5-63）。

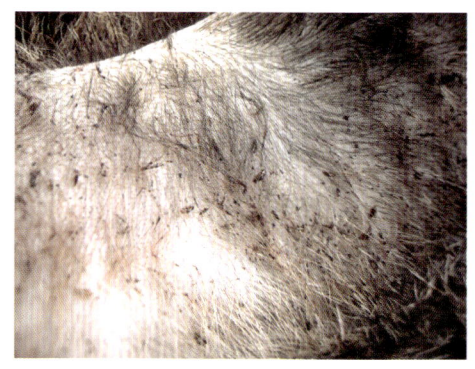

图5-63 羊蚤病症状（皮肤上可见蚤爬动）

4. 病理变化

有些蚤会叮咬羊只，致使皮肤发红发炎，无明显的内脏器官病理变化。

5. 诊断

在皮肤上检出蚤即可诊断。若要鉴定种类，需收集蚤，并浸泡在70%酒精内，致死后，按虫体形态结构进行种类鉴定。

6. 防治

做好羊场的饲养管理工作，避免羊只与其他畜禽混养，加强羊场的卫生管理和消毒工作。发病时可采用溴氰菊酯、氰戊菊酯、双甲脒、辛硫磷等药物进行喷洒。个别严重的可肌内注射伊维菌素注射液进行治疗，严重的间隔15天后再次重复用药。

（十五）羊创伤

羊创伤是指皮肤或黏膜受各种机械性外力作用而引起组织开放性损伤，这是一种外科病。

1. 病因

由各种机械性外力作用于羊体组织和器官而引起，如铁器砍伤、刺伤、戳伤、羊角的抵伤、直检时引起的黏膜损伤等。

2. 临床症状

创伤具有的共同症状是创口裂开、出血、疼痛、肿胀、机能障碍。若出血不止会引起贫血或休克死亡。创伤时间长，引起感染时，创口出现脓汁或长蛆。恢复期有肉芽组织和上皮生长。创伤根据致伤物的不同可分为以下4种：

①挫创。有明显的挫面组织，肌肉部分或全部撕裂、创缘不整齐、出血少、疼痛明显、污染严重。

②刺创。创口小、创道深、出血较少、异物易留创内、易形成瘘道而造成厌氧菌感染。

③砍创。创口裂开大、组织损伤严重、疼痛剧烈（图5-64）。

④裂创。组织发生撕裂或剥离，创缘及创面不整齐，创伤深浅不一，出血较少，疼痛剧烈。

3. 病理变化

经历创伤、出血、炎症肿胀等过程，若无细菌感染，最后肉芽组织和上皮组织生长；若有细菌感染，创口出现化脓（图5-65），有时会波及全身，形成全身败血症病变。

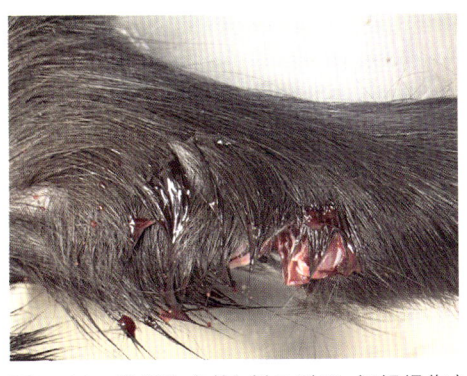
图5-64 羊创伤症状（创口裂开、组织损伤）

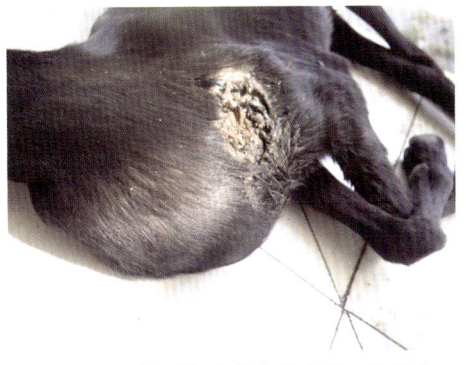
图5-65 羊创伤病理变化（创口化脓）

4. 诊断

根据临床症状和病理变化可做出初步诊断。

5. 防治

治疗上针对不同情况采取不同措施：

①新鲜创的治疗。第1步先行止血，包括压迫、钳夹、结扎等止血方法，然后清创、消毒。第2步用消毒纱布覆盖创腔，对创围剪毛、清洗、消毒并清理创腔，使用的药物主要有0.1%的新洁尔灭或0.1%高锰酸钾或2%碘酊等。第3步在创内撒布抗菌消炎药（磺胺类或抗生素），最后缝合包扎。必要时辅助肌内注射抗生素进行消炎治疗，直至愈合为止。

②化脓创的治疗。清除创内坏死组织和异物，加速炎症净化，保证脓汁排出通畅，防止转为全身性感染。具体可选用2%过氧化氢溶液清洗化脓创，而后用乳酸依沙吖啶纱布条引流。必要时要肌内注射抗生素进行消炎处理。

③肉芽创的治疗。肉芽创的治疗原则是促进肉芽组织生长，保护肉芽组织不受损伤和继发感染，加速上皮新生，防止肉芽赘生，促进创伤愈合。应选择刺激性小、促进肉芽组织生长的药物（如磺胺软膏、青霉素软膏、金霉素软膏等）。当肉芽组织赘生时，可选用硫酸铜腐蚀处理。

（十六）羊伤口蛆病

羊伤口蛆病是多种蝇类的幼虫寄生在羊的伤口组织中所引起的一种寄生虫病。

1. 病原

本病病原为麻蝇、污蝇、丽蝇、绿蝇等多种蝇类的幼虫。不同蝇类成虫的形态结构有所差异。蝇蛆的形态呈半透明乳白色，长约2厘米，头部小，体钝圆，体上有细条纹。

2. 流行特点

蝇类的发育过程为完全变态。蝇产卵后，卵经数小时即可孵化为第1期幼虫，再经4~9天，经过两次蜕化，变成第2、第3期幼虫，3期幼虫成熟后，落地化蛹，之后蛹羽化成蝇。幼虫期的长短因种类、气候条件、营养条件不同而异，当条件适宜时，每一期仅需几天时间。丽蝇的蛆多出现在春秋两季，绿蝇和污蝇的蛆多出现在夏秋两季。

3. 临床症状

成蝇可在羊的体表伤口及耳、鼻、阴道、尿道等部位产卵。表现症状与蛆的寄生部位和对象等有关。在一般伤口表现创伤后感染化脓，同时创口久治不愈，严重的出现败血症而死亡。成蝇常导致公羊包皮腐烂坏死，龟头发炎，排尿困难；常导致母羊阴户红肿，阴道溃烂化脓。

4. 病理变化

伤口出现化脓性炎症，公羊和母羊的外生殖器官及其他天然孔出现化脓性炎症。在伤口和天然孔内可见蝇蛆在活动。（图5-66）

5. 诊断

在伤口或天然孔内出现化脓炎症，检出蝇蛆，即可诊断。

6. 防治

平时做好环境卫生，消灭蝇类滋生地，对羊各种伤口要及时用碘酊消毒，并采取相应措施进行治疗，防止

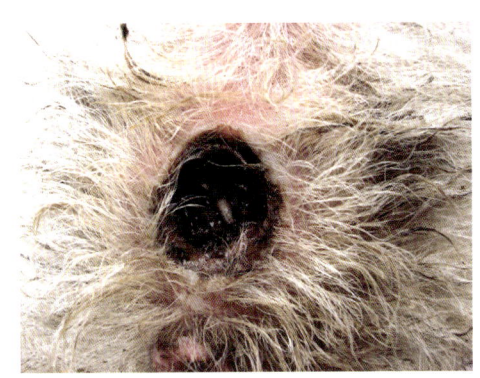

图5-66 羊创伤病理变化（皮肤创伤后化脓长蛆）

蝇骚扰和产卵。治疗时，首先要灭蝇蛆，可采用双甲脒、伊维菌素等药物进行杀虫处理，也可以给伤口涂薄荷油，使蝇蛆从伤口爬出，用镊子把虫子挑干净。其次伤口用2%过氧化氢溶液清创后，再用乳酸依沙吖啶纱布条引流，必要时还要肌内注射抗生素进行消炎处理。

（十七）羊脱肛

羊脱肛是直肠末端的一部分向外翻转，或其大部分经由肛门向外脱出的一种外伤疾病，又称直肠脱。

1. 病因

发病原因是肛门括约肌松弛，导致直肠黏膜及其肌层的附着部分脱出肛门口。直肠脱出多见于长期便秘、顽固性下痢、直肠炎、母羊分娩时的强烈努责，或久病体弱、长途运输、饲料发霉、饲料吃太饱、咳嗽等原因。

2. 临床症状

病初仅在排粪或卧地后有小段直肠黏膜外翻（图5-67），排粪后或起立后自行缩回。如果长期反复发作，则脱出的直肠段不易恢复，会形成不同程度的出血、水肿、发炎。病羊排粪不正常，体况逐渐衰退，最终出现并发症而死亡。

3. 病理变化

脱肛可导致局部肠黏膜出血、水肿，严重时可导致局部肠黏膜坏死和糜烂。

4. 诊断

根据临床症状及病理变化可做出初步诊断。

5. 防治

首先要排除病因，及时消除便秘、下痢以及其他直肠脱出病因。认真改善饲养管理，不喂发霉饲料，不喂太多精料，多喂青绿饲料及各种营养丰富的柔软饲料，并注意适当饮水，做到早发现早治疗。

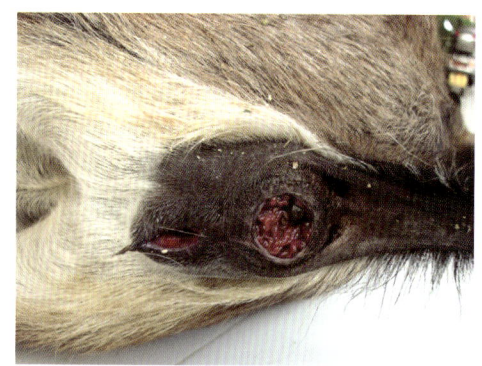

图 5-67　羊脱肛症状（轻度直肠外翻）

本病的治疗依不同阶段采取不同方法。若脱出体外的部分不多，可采用1%明矾水或0.5%高锰酸钾水充分洗净脱出的部分，然后再提起病羊的两后腿，用手指慢慢将直肠送回。脱出时间较长，水肿严重时，可用注射针头乱刺水肿的黏膜，用纱布衬托，挤出炎性渗出液。对脱出部的表面溃疡、坏死的黏膜，应小心除去，直至露出新鲜组织为止。同时在表面洒些抗生素，然后轻轻送回。为了防止复发，可在肛门上下左右分点注射1%普鲁卡因和95%酒精溶液（每点20毫升）；也可在肛门周围作荷包缝合，缝合后再打以活结，防止肛门再度脱出。对黏膜水肿严重及坏死区域较大的病羊，可采用黏膜下层切除术。术后注意护理，予以局部消炎和全身治疗。

（十八）羊脐疝

羊脐疝是指腹部脏器（主要是小肠和网膜）通过脐孔进入皮下而形成的肿块，这是一种外科病。一般以先天性为主，多见于出生时，或出生后数天或数周。羔羊的先天性脐疝多数在出生后数月逐渐消失，只有少数愈来愈大。

1. 病因

本病的原因是脐孔发育不全、脐部化脓或腹壁发育缺陷等。此外，如果不正确的断脐（如脐带血管及尿囊管留得太短），腹壁脐孔则闭合不全，在强烈努责或用力跳跃时，肠管在腹内压增加的情况下，容易通过脐孔而进入皮下形成脐疝。

2. 临床症状

脐疝的主要临床表现是脐部明显突出，肉眼可见球形或半球形肿物（图5-68）。病羊多无其他临床症状。

3. 病理变化

剖检除脐孔偏大外，无明显的病变。若发病时间长久，又不会自行收复，则有可能造成粘连或形成嵌闭性疝，预后不良。

4. 诊断

根据临床症状可做出初步诊

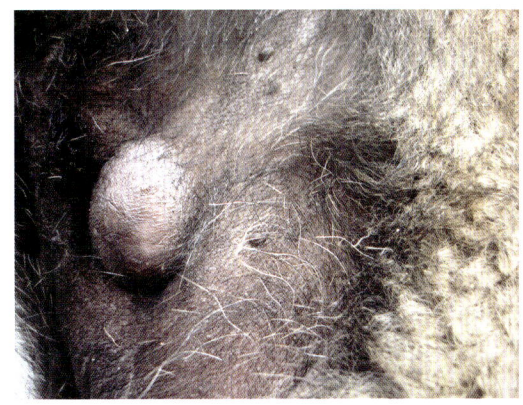

图5-68 羊脐疝症状（脐部皮肤凸出呈球状）

断。若是可复性疝气，疝内容物会还纳到腹腔内，预后良好；若脐疝变硬，多为嵌闭性疝，则预后不良。

5. 防治

本病的发生与遗传缺陷、饲养管理不良有关，一般发病率比较低。发病时可采取如下方法治疗：

①保守疗法。适用于疝轮较小、年龄较小的羊。术前禁食24小时，然后保定、消毒，采用局部浸润性麻醉，随后将疝内容物还纳回腹腔，并以消毒好的疝夹或止血钳贴紧脐孔处夹住疝囊的根部，夹紧。再用缝合针将疝囊围绕夹子进行缝合。此外，还可用95%酒精在疝轮四周分点注射，每点3~5毫升，有一定治疗效果。

②手术疗法。此疗法比较可靠，应按无菌操作技术要求切开皮肤，剥离粘连肠管。若无粘连即可将疝内容物直接还纳腹内，并作袋形缝合，以封闭疝轮。如病程稍长，疝轮的边缘坚硬而厚，最好将疝轮削薄成一新鲜创面，再实施重叠式褥状缝合，最后皮肤作结节缝合。术后要注意消炎，并加强饲养管理（少喂料）。

（十九）羊皮肤瘤

羊皮肤瘤是长于皮肤组织的一种良性肿瘤，其形状多为结节状或乳头状。

1. 病因

乳头状瘤可由非传染性致瘤因素和传染性致瘤因素（病毒）引起。目前对发病原因研究较少。

2. 临床症状

皮肤瘤可发生于体表任何部位的皮肤，较多见于嘴巴（图 5-69）、耳朵（图 5-70）、颈部、胸部和乳房等皮肤。但病羊多无明显症状。肿瘤呈结节状或乳头状，突出于皮肤表面。一般瘤体较小，单个存在，有时数目较多。质硬，表面不平或呈刺状。局部皮肤增厚并向外突出。由病毒引起的肿瘤，往往在某一部位可见多个肿瘤发生。

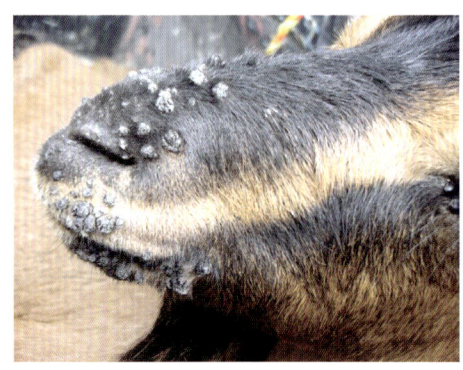

图 5-69　羊皮肤瘤症状（羊嘴巴周围皮肤长瘤）　　图 5-70　羊皮肤瘤症状（羊耳朵皮肤长瘤）

3. 病理变化

皮肤瘤可因局部摩擦而出血或化脓、坏死。皮肤瘤主要由皮肤鳞状上皮细胞异常生长造成，凸起肿瘤中还有结缔组织交织，肿瘤表面常呈明显的角质化。

4. 诊断

根据症状及病理变化可做出初步诊断。当皮肤上长有异物时，要根据其形态和生长速度确定其性质，必要时可取材作组织学诊断，判定是良性肿瘤还是恶性肿瘤。

5. 防治

加强饲养管理，防止皮肤受损或感染病毒。对于单个小肿瘤，一般可不治疗；瘤体较大，可手术切除。

六、羊体况消瘦性疾病诊治

羊体况消瘦性疾病在临床上主要由两大类疾病造成,一类是寄生疾病(如羊阔盘吸虫病、双腔吸虫病、腹袋吸虫病、野牛平腹吸虫病、细颈囊尾蚴病、棘球蚴病、住肉孢子虫病,以及其他寄生虫病等);另一类是饲养管理不良造成的疾病(如羊佝偻病、维生素 A 缺乏症等)。不同疾病的病症及防治措施有所不同。

(一)羊阔盘吸虫病

羊阔盘吸虫病是双腔科阔盘属的数种吸虫寄生于羊胰管引起的一种寄生虫病。本病可发生于牛羊等反刍动物,还可感染猪、兔、猴和人等。

1. 病原

寄生于羊的阔盘吸虫主要有胰阔盘吸虫、腔阔盘吸虫、枝睾阔盘吸虫和福建阔盘吸虫等,其中以胰阔盘吸虫最为常见。

胰阔盘吸虫虫体扁平(图6-1),较厚,呈长卵圆形,棕红色,大小为(8~16)×(5.0~5.8)毫米。2个睾丸呈圆形或稍分叶,卵巢分3~6瓣。虫卵呈黄棕色或深褐色(图6-2),椭圆形,两侧稍不对称,一端有卵盖,大小为(42~50)微米×(26~33)微米。卵壳厚,内含1个椭圆形的毛蚴。

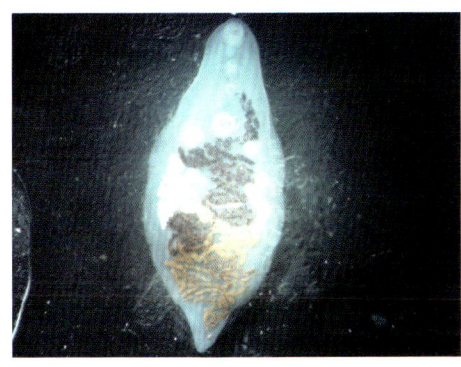

图6-1 胰阔盘吸虫虫体形态

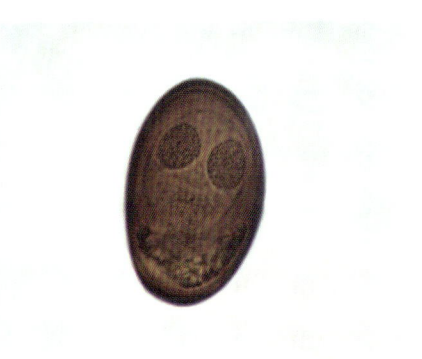

图6-2 胰阔盘吸虫虫卵形态

腔阔盘吸虫虫体较为短小，呈短椭圆形，后端有一个明显的尾突（图6-3），虫体大小为（7.48~8.05）毫米×（2.73~4.76）毫米。卵巢多呈圆形，少数有缺刻或分叶。睾丸大多为圆形或椭圆形。虫卵大小为（34~47）微米×（26~36）微米。

枝睾阔盘吸虫虫体呈瓜子状或长纺锤体状（图6-4），前端稍尖，后端膨大，大小为（4.49~10.64）毫米×（2.17~3.08）毫米。睾丸分支。虫卵大小为（45~52）微米×（30~34）微米。

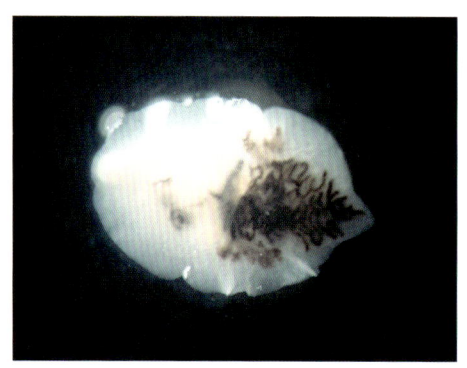

图6-3 腔阔盘吸虫虫体形态

图6-4 枝睾阔盘吸虫虫体形态

福建阔盘吸虫的虫体窄而长，后端部分稍宽（图6-5），大小为12.76×2.78毫米。睾丸长而分支，支瓣粗短，2个对称地排列于腹吸盘后方两侧。虫卵大小为（39~47）微米×（27~30）微米。

图6-5 福建阔盘吸虫虫体形态

2. 流行特点

本病，牛、羊、骆驼、猪、人均可感染。潜伏期长，临床症状多见于1岁以上的中大羊和种羊。一年四季均可发生，多在冬春季节发病。本病的流行与陆地的蜗牛、草螽的分布和活动有密切关系。在全国各地均有本病的发生。

3. 临床症状

本病多呈慢性发病过程，当感染虫体数量少时，多为隐性感染；当感染严重时，常表现消化不良、精神沉郁、消瘦、贫血、胸腹部皮下水肿、眼结膜黄染（图6-6）、腹泻等症状，母羊产奶量降低，孕羊可能流产，时常可见排黄色或暗红色尿液，严重时可因衰竭而死亡。

4. 病理变化

胰腺区胰管高度扩张，管壁增厚，并有出血、溃疡和炎症浸润，外观可见不规则黑色线条凸起或黑斑，剥开胰腺可见胰管中存在不同数量的黑褐色阔盘吸虫（图6-7）。整个胰腺增生，呈慢性增生性胰腺炎。在肠系膜可见胶冻样水肿，腹腔内腹水偏多。

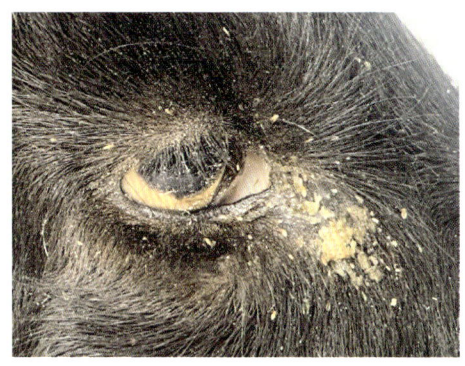

图6-6 羊阔盘吸虫病症状（眼结膜黄染）

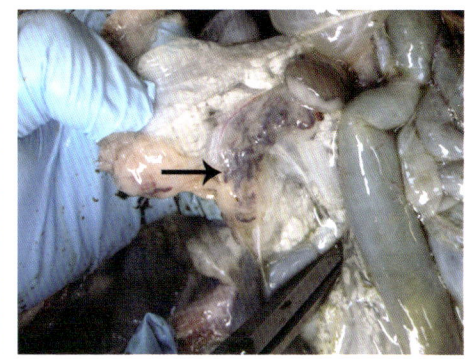

图6-7 羊阔盘吸虫病病理变化（阔盘吸虫寄生在胰腺内）

5. 诊断

粪检检出阔盘吸虫的虫卵即可诊断（图6-8）。虫卵为黄褐色或深褐色，卵圆形，卵壳厚，一端有卵盖，内有毛蚴，易于鉴别。此外，在胰腺检出阔盘吸虫也可直接诊断。

6. 防治

本病存在地区要定期驱虫，每3~4个月驱虫1次，并做好粪便堆积发酵。同时，要做好中间宿主（蜗牛、草螽）的消灭工作。在临床上可使

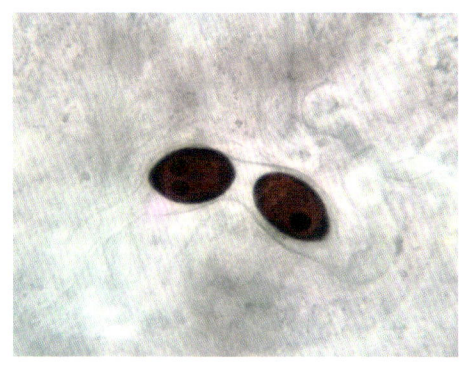

图6-8 粪便中深褐色带黑点的虫卵

用吡喹酮（按每千克体重60~70毫克，1次灌服）或六氯对二甲苯（又称血防846，按每千克体重用量为0.4~0.6克，1次灌服，隔日1次，连用3天）治疗，均有较好效果。

（二）羊双腔吸虫病

羊双腔吸虫病是由双腔吸虫寄生于羊（牛等反刍动物也可感染）的肝脏胆管和胆囊内所引起的一种寄生虫病。

1. 病原

本病病原为双腔科双腔属的矛形双腔吸虫、中华双腔吸虫等。

矛形双腔吸虫，呈矛形（图6-9），棕红色，固定后为灰白色，大小为（6.67~8.34）毫米×（1.61~2.14）毫米。肠管简单。腹吸盘大于口吸盘。睾丸圆形或边缘具缺刻，前后排列或斜列于腹吸盘后。卵巢圆形，居于后睾之后。卵黄腺简单。子宫位于后半部。虫卵似卵圆形，褐色，具卵盖，大小为（34~44）微米×（30~33）微米，内含毛蚴（图6-10）。

图6-9 矛形双腔吸虫虫体形态

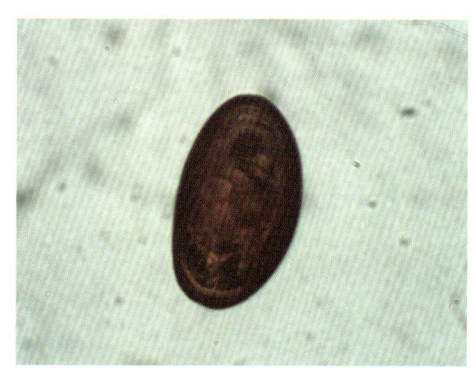
图6-10 矛形双腔吸虫虫卵形态

中华双腔吸虫，与矛形双腔吸虫相似，但虫体较宽扁，其前方体部呈头锥形，后两侧作肩样突，大小为（3.54~8.96）毫米×（2.03~3.09）毫米。睾丸2个，呈圆形，边缘不整齐或稍分叶，左右并列于腹吸盘后。虫卵大小为（45~51）微米×（30~33）微米。

2. 流行特点

本病分布广，多呈地方性流行。在我国主要分布于东北、华北、西北和西南诸省和自治区，尤其以西北部和内蒙古较为严重。宿主动物极其广泛，除牛、羊、骆驼、鹿、马和兔等家畜外，许多野生的偶蹄类动物均可感染。双腔吸虫在其发育过程中，需要2个中间宿主参加，第一中间宿主为陆地螺（蜗牛），第二中间宿主为蚂蚁。在温暖潮湿的南方地区，动物几乎全年都可感染；而在寒冷干燥的北方地区，中间宿主要冬眠，动物的感染明显具有春秋两季特点，但动物发病多在冬春季节。动物随年龄的增加，其感染率和感染强度也逐渐增加。虫卵对外界环境条件的抵抗力较强，在土壤和粪便中存活数月仍具感染性。据调查，不同地区羊矛形双腔吸虫的感染率差别较大，有些地区羊的感染率高达100%。

3. 临床症状

羊双腔吸虫病的症状与片形吸虫病症状相似。多数羊只在感染双腔吸虫初期，其症状轻微或不表现症状。严重感染，表现为慢性消耗性疾病的临床特征，如病羊精神沉郁、食欲不振、眼结膜黄染、消化紊乱、颌下水肿、血便、顽固性腹泻、贫血、逐渐消瘦、体温升高、肝区触诊有痛感等。严重时可致死亡。

4. 病理变化

胆管出现卡他性炎症，管壁增生呈索状、肥厚，胆囊肿大（图6-11），胆汁暗褐色，胆管周围结缔组织增生，肠系膜严重水肿，腹腔、心包积液。胆管和胆囊内有大量棕红色狭长虫体。寄生数量较多时，肝脏硬变、肿大，肝脏表面形成瘢痕。

图6-11 羊双腔吸虫病病理变化（胆囊明显肿大）

5. 诊断

根据临床症状和流行病学可初步做出诊断。通过实验室检验、粪便虫卵检查，并结合剖检及虫体形态鉴定，即可确诊。

6. 防治

平时做好定期驱虫工作，驱虫后的粪便应堆积发酵无害化处理。具体防治措施可参照羊片形吸虫病防治措施。

（三）羊同盘吸虫病

羊同盘吸虫病是同盘科各属吸虫寄生于羊（牛、鹿等反刍动物也可感染）的瘤胃、胆管等脏器所引起的一种寄生虫病的总称。成虫寄生于瘤胃内，童虫寄生于皱胃、小肠、胆管和胆囊内。多为隐性感染，寄生数量大时也可导致发病。

1. 病原

同盘吸虫种类繁多，常见的同盘吸虫有同盘属的鹿同盘吸虫、后藤同盘吸虫、细同盘吸虫，殖盘属的小殖盘吸虫，杯殖属的杯殖杯殖吸虫等。

鹿同盘吸虫虫体呈圆锥形或纺锤形（图6-12），乳白色，大小为（8.8~9.6）毫米×（4.0~4.4）毫米。口吸盘位于虫体前端，腹吸盘位于虫体亚末端，口吸盘与腹吸盘大小之比为1∶2。睾丸2个，呈横椭圆形，前后相接排列，位于虫体中部。卵巢呈圆形，位于睾丸后侧缘。虫卵呈椭圆形，淡灰色，卵黄细胞不充满整个虫卵，虫卵大小为（125~132）微米×（70~80）微米。

后藤同盘吸虫虫体呈长圆锥形，前端稍窄，后端钝圆（图6-13），体后1/3部位最宽，虫体表皮有乳头状突起，虫体大小为（8.20~10.2）毫米×（2.6~3.4）毫米。口吸盘位于顶端，前部平切，后部钝圆、呈瓶状，腹吸盘呈圆盘状，口吸盘与腹吸盘大小之比为1∶1.8。睾丸边缘不规则，或具有2~4个浅分瓣，前后排列于虫体中部、两肠支之间。虫卵大小为（128~138）微米×（70~80）微米。

图6-12　鹿同盘吸虫虫体形态

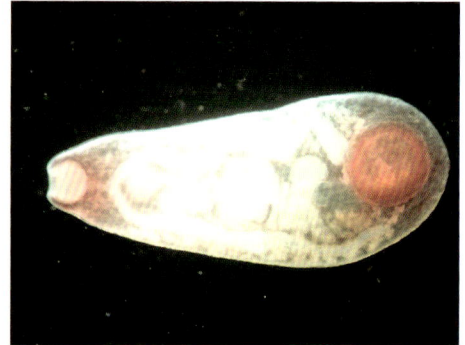

图6-13　后藤同盘吸虫虫体形态

细同盘吸虫虫体细长，呈圆柱状（图6-14），大小为（6.2~10.8）毫米×（1.8~2.8）毫米。睾丸2个有浅分瓣，前后排列于虫体中后部。卵巢类球形。虫卵椭圆形（图6-15），大小为（103~128）微米×（62~78）微米。

图6-14　细同盘吸虫虫体形态

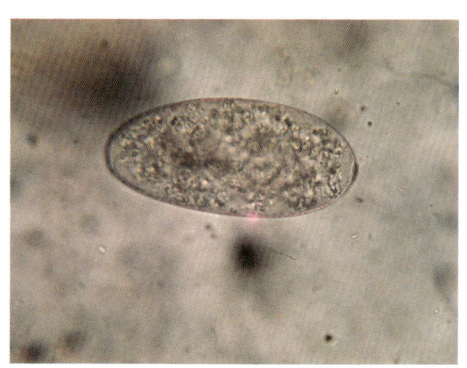

图6-15　细同盘吸虫虫卵形态

小殖盘吸虫虫体细小，呈圆锥形（图6-16），大小为（4.9~5.3）毫米×（1.62~1.73）毫米。口吸盘位于体前端，腹吸盘位于体后端，吸盘与腹吸盘大小之比为1：2.5。2个睾丸呈球形，前后排列于虫体中后部，卵巢呈类圆形，位于腹吸盘前缘。虫卵大小为（109~118）微米×（61~69）微米。

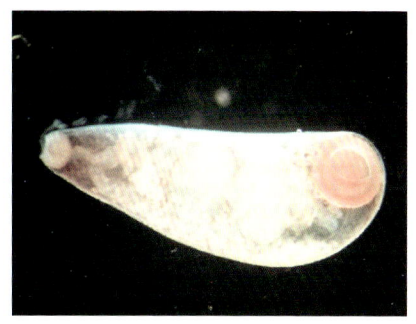

图6-16 小殖盘吸虫虫体形态

杯殖杯殖吸虫虫体呈圆锥形（图6-17），淡红色，体表光滑，前端有乳突状的小突起，大小为（13.8~16.8）毫米×（5.8~8.6）毫米。虫体1/3处最宽，体宽长之比为1：2.1。口吸盘与腹吸盘大小之比为1：2.6。睾丸类球形，左右斜列于虫体中部的稍后方，具有生殖盂和生殖乳突。卵巢位于前睾丸的后方，类球形。虫卵大小为（115~130）微米×（64~78）微米。

图6-17 杯殖杯殖吸虫虫体形态

2. 流行特点

本病在我国分布广泛，羊、牛、鹿均可感染，一年四季均可发生。常见于6月龄以上的羊。日龄越大，感染率越高，感染强度越大。同盘吸虫的发育过程需要中间宿主扁卷螺，尾蚴离开螺体后在水草上形成囊蚴，终末宿主采食到含有囊蚴的牧草后受感染。童虫在小肠内脱囊，而后在胆囊、皱胃内移行，最终在瘤胃发育为成虫。

3. 临床症状

多数无明显病症，严重感染时可表现食欲减退、消瘦、贫血、水肿、腹泻等症状，特别严重时也可导致衰竭死亡。

4. 病理变化

剖检可见瘤胃壁上（靠网胃区）有一些粉红色虫体或乳白色虫体，类似米粒状（又称米粒虫）（图6-18）。有些病例内脏（肝脏、胆囊、小肠等）可见童虫移行导致的器官炎症病变。

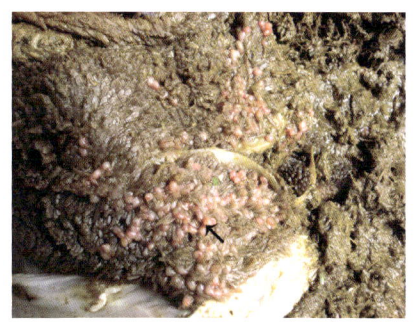

图6-18 羊同盘吸虫病病理变化（同盘吸虫寄生在瘤胃壁上）

5. 诊断

剖检在瘤胃内壁检到虫体，或粪便检查发现虫卵，可做出诊断。至于是哪一种同盘吸虫，需对虫体做进一步鉴定。

6. 防治

羊群要定期驱虫，尽量不要在低洼、潮湿的地方放牧或饮水，有条件的地方可用化学或生物的方法灭螺（消除中间宿主扁卷螺）。治疗可使用硫双二氯酚（别丁）进行驱虫，用量是每千克体重80~100毫克，1次灌服。此外，使用阿苯达唑、氯硝柳胺等药物对同盘吸虫的童虫也有一定的杀灭效果。

（四）羊腹袋吸虫病

羊腹袋吸虫病是由腹袋科腹袋属、菲策属多种吸虫成虫寄生于羊（牛等反刍动物也可感染）瘤胃和网胃内引起的一种寄生虫病。临床上以消瘦、消化不良为特征。

1. 病原

本病病原有腹袋属的中华腹袋吸虫等多种腹袋吸虫，以及菲策属的长菲策吸虫、卵形菲策吸虫、狭窄菲策吸虫等多种菲策吸虫。

中华腹袋吸虫虫体呈圆锥形（图6-19、图6-20），前端稍尖，中部膨大，后部平切，体表光滑，大小为（6.30~8.48）毫米×（3.50~4.45）毫米，体宽长之比为1:1.8。口吸盘与腹吸盘大小比为1:3~1:4.5。睾丸呈椭圆形，边缘光滑不分瓣，左右排列于虫体后1/3处，左右睾丸大小几乎相等。卵巢呈椭圆形，位于两睾丸之间偏向一侧。虫卵椭圆形（图6-21），大小为（105~133）微米×（56~81）微米。

图6-19 中华腹袋吸虫虫体形态

图6-20 中华腹袋吸虫虫体肉眼形态

长菲策吸虫虫体呈圆柱形或类三菱形,纵轴稍向腹面弯曲(图6-22),体前端稍狭小,中部较宽,后端钝圆,虫体大小为(14~24)毫米×(3.5~5.5)毫米,体宽长之比为1∶4.2。口吸盘与腹吸盘的大小比为1∶2.6。睾丸边缘常分3~4瓣。卵巢位于前睾丸后侧。虫卵大小为(128~152)微米×(68~78)微米。

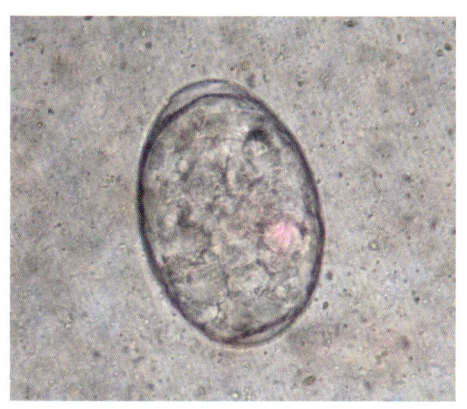
图6-21 中华腹袋吸虫虫卵形态

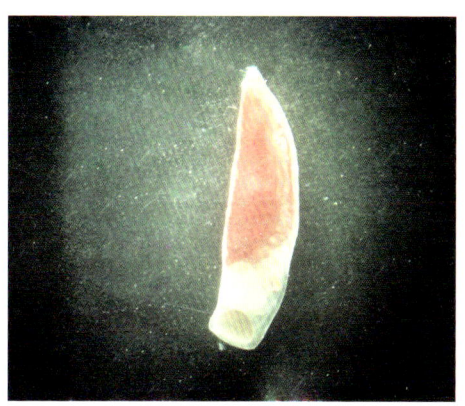
图6-22 长菲策吸虫虫体形态

卵形菲策吸虫虫体枣红色,呈卵圆形(图6-23),大小为(6.6~8.9)毫米×(3.16~3.9)毫米。口吸盘与腹吸盘的大小比为1∶2.6。睾丸呈球形,背腹排列于虫体后部。卵巢呈球形,位于两睾丸之间。虫卵大小为(126~130)微米×(82~91)微米。

狭窄菲策吸虫虫体细小(图6-24),呈长圆锥形,大小为(3.78~5.89)毫米×(1.02~1.58)毫米。口吸盘与腹吸盘的大小比为1∶3.6。睾丸边缘有2~3个浅瓣,前后斜列于虫体后部。卵巢位于两睾丸之间或后睾丸的背部。虫卵大小为(106~135)微米×(58~74)微米。

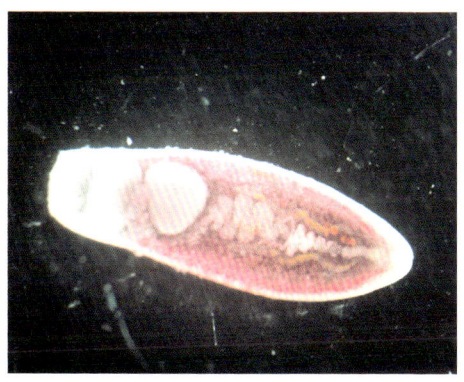
图6-23 卵形菲策吸虫虫体形态

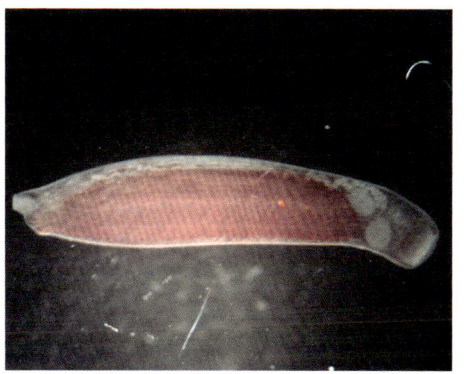
图6-24 狭窄菲策吸虫虫体形态

2. 流行特点

本病呈世界性分布，我国各地几乎都有不同程度流行，以南方地区多见。一年四季均可发生，多见于夏秋两季。腹袋科吸虫的成虫寄生在羊的瘤胃和网胃壁上，危害不大，但其幼虫在发育过程中会移行于皱胃、小肠、胆管、胆囊部位，可造成严重的病症或死亡。中间宿主为多种淡水螺，终末宿主有羊、牛等反刍动物。

3. 临床症状

本病的成虫危害不大，多为隐性感染，只表现消瘦、贫血、下痢、水肿等一般性症状。但大量幼虫寄生时可引起严重的症状，甚至造成大量羊只死亡。主要表现精神沉郁、厌食、消瘦，几天后出现顽固性拉稀，粪便呈粥状或水样、恶臭。后期精神委靡，极度衰竭，眼睑、颌下、腹胸下部水肿，最终衰竭死亡。

4. 病理变化

剖检可见皮下不同程度水肿，眼结膜苍白，眼球下陷，在瘤胃（靠网胃区）可见粉红色或紫红色腹袋吸虫成虫（图6-25），并成簇寄生，寄生局部胃绒毛脱落。童虫则会引起移行或寄生器官（如皱胃、小肠、胆囊）炎症病变。

图6-25　羊腹袋吸虫病病理变化（腹袋吸虫寄生在瘤胃壁上）

5. 诊断

本病的生前诊断比较困难，尽管在粪便中可以检出相应的虫卵。腹袋科吸虫的虫卵与同盘科吸虫的虫卵极为相似，两者不易鉴别诊断。本病的确诊有赖于死后在瘤胃内发现粉红色或紫红色腹袋吸虫的成虫，至于是哪一种腹袋吸虫，还要对吸虫的大小、形态、内部结构进行进一步鉴定。

6. 防治

本病的防治措施可参照羊同盘吸虫病的防治措施。

（五）羊野牛平腹吸虫病

羊野牛平腹吸虫病是由同盘科平腹属的野牛平腹吸虫寄生于羊（牛等反刍动物也可感染）的盲肠和结肠内引起的一种寄生虫病。

1. 病原

本病病原野牛平腹吸虫虫体呈淡红色，前部狭小，中部膨大，后1/4又缩小，背部隆起（图6-26），腹部扁平布满小乳突（图6-27），大小为（9.5~12.5）毫米×（5.3~6.8）毫米。体宽长之比比例为1：1.8。口吸盘位于体前端，腹吸盘位于虫体末端，呈类球形，口吸盘与腹吸盘的大小比为1：3.9。睾丸位于虫体中央，前后排列，边缘具多数深裂瓣。卵巢呈椭圆形，位于后睾丸与腹吸盘之间。虫卵大小为（108~126）微米×（60~64）微米。

图6-26 野牛平腹吸虫背面形态

图6-27 野牛平腹吸虫腹面形态

2. 流行特点

本病分布较广，在我国多数地区有分布。本病的发生除了有传染源（虫卵）外，还需要中间宿主（淡水螺）。发生的季节多见于夏秋两季。终末宿主除羊外，还有黄牛、水牛、野牛等。

3. 临床症状

在临床上病羊主要表现为消瘦、肠炎，排出的粪便为粥状或水样、恶臭，有时排出黏液性粪便。此外病羊还表现精神沉郁、厌食、卧地不起等症状。

4. 病理变化

剖检可见盲肠或结肠肿大，内充满黏稠状内容物，在肠壁或内容物中可见淡红色黄豆大小的虫体（图6-28）。

5. 诊断

野牛平腹吸虫虫体为淡红色，呈瓜子状，背部隆起，腹部扁平布满小

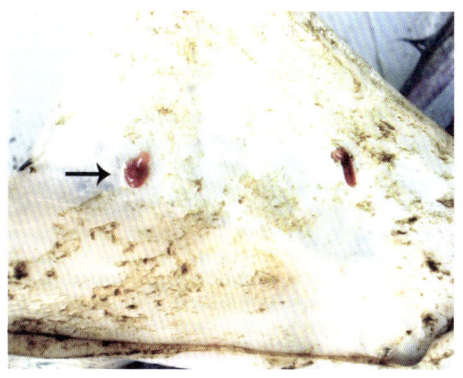

图6-28 羊野牛平腹吸虫病病理变化（野牛平腹吸虫寄生在盲肠壁上）

乳突，压片可见2个睾丸边缘具深裂瓣。

6. 防治

本病的防治措施可参照羊同盘吸虫病防治措施。

（六）羊细颈囊尾蚴病

羊细颈囊尾蚴病是由寄生在犬、狼、狐小肠内的泡状带绦虫处于中绦期的细颈囊尾蚴寄生于羊（牛、猪等动物也可感染）引起的一种寄生虫病。

1. 病原

本病病原泡状带绦虫的细颈囊尾蚴，俗称"水铃铛"，常见于腹腔脏器的网膜上，呈乳白色，形状类似胆囊（图6-29），囊内充满透明液体，大小如鸡蛋或更大，囊壁薄。在其一端的延伸处有一白结，即其头节（图6-30），节片的子宫内含有大量圆形的虫卵。

图6-29　泡状带绦虫幼虫形似胆囊

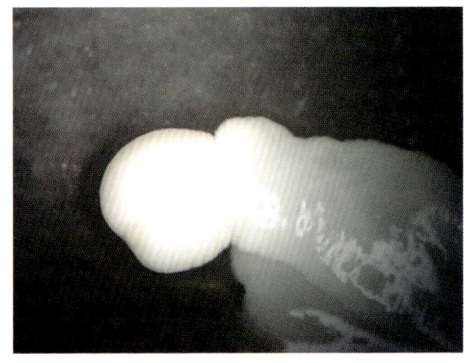
图6-30　泡状带绦虫幼虫头节形态

2. 流行特点

猪、羊、牛均可感染本病。卫生条件差的羊场常有本病存在，牧区绵羊感染严重，小羊也可感染。潜伏期为51天，成虫寄生在犬体内可生活1年之久。幼虫寄生在猪、牛、羊等家畜的肠系膜、网膜和肝脏等处。虫卵抵抗力很强，在外界环境中长期存在，污染牧场，导致本病广泛散布。

3. 临床症状

本病无特异性症状，对羔羊危害较严重，常表现为虚弱、不安、流涎、消瘦、腹痛和腹泻。严重时，有大量幼虫从肝脏向腹腔移行，可引起出血性肝炎、腹膜炎、贫血等症状。

4. 病理变化

在肝脏、瘤胃浆膜和肠系膜上可见有数量不一、大小不等的囊泡（图 6-31、图 6-32）。此外，血液稀薄，肝脏肿大、质地稍软、被膜粗糙。其他脏器病变不明显。

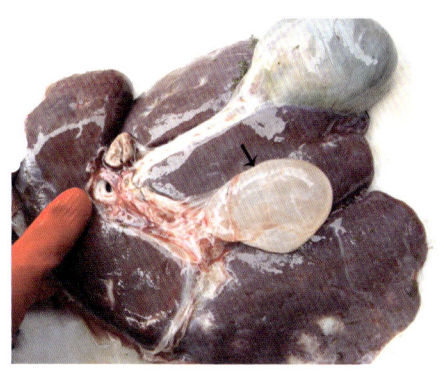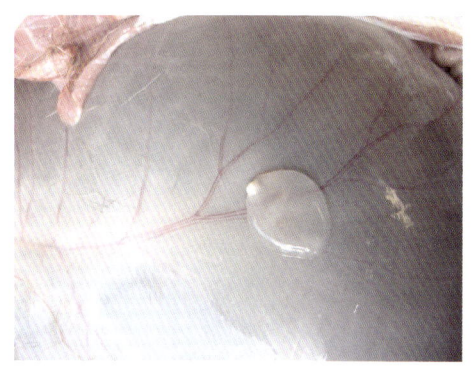

图 6-31　羊细颈囊尾蚴病病理变化（囊尾蚴寄生在肝脏上）

图 6-32　羊细颈囊尾蚴病病理变化（囊尾蚴寄生在瘤胃浆膜上）

5. 诊断

本病的生前诊断较困难，可用血清学进行诊断。一般在死后剖检发现细颈囊尾蚴囊泡而确诊。

6. 防治

对羊场内外的犬进行定期驱虫，每 2 个月 1 次，药物可选用吡喹酮、氯硝柳胺等。防止家犬和野犬进入羊舍内拉粪便而散布虫卵，污染饲料和饮水；勿用猪、牛、羊屠宰废弃物喂犬。发病时可采用内服或肌内注射吡喹酮（按每千克体重 100 毫克）进行治疗。

（七）羊棘球蚴病

羊棘球蚴病是由带科棘球属的多种棘球绦虫中绦期时寄生于羊（牛、马及人也可寄生）的肝脏、肺脏和心脏等组织中所引起的一种寄生虫病，又称包虫病。

1. 病原

本病病原是带科棘球属的棘球绦虫的幼虫。在我国，常见的棘球绦虫有细粒棘球绦虫和多房棘球绦虫。细粒棘球绦虫的幼虫很小，体长仅 2~7 毫米，由 1 个头节和 3~4 个节片组成。头节上有 4 个吸盘，顶突钩 36~40 个，虫卵大小为（32~36）

微米×（25~30）微米。细粒棘球蚴为包囊状，内含液体，直径为5~10厘米。多房棘球绦虫与细粒棘球绦虫相似，体长仅1.2~4.5毫米。多房棘球蚴，又称泡球蚴，由无数个小的囊泡聚集而成。

2. 流行特点

棘球蚴病分布广泛，以牧区为多。我国主要流行于新疆、甘肃、青海、内蒙古等地，其他地区零星分布。绵羊感染率最高，分布面积最广，各种日龄均可发生。

3. 临床症状

棘球蚴可引起机械性压迫、中毒和过敏反应等病症，机械性压迫使周围组织发生萎缩和功能障碍。代谢产物被吸收后，周围组织易发生炎症或全身过敏反应，严重者可导致死亡。绵羊对棘球蚴较敏感，死亡率也较高，严重感染者表现为消瘦、被毛逆立、脱毛、倒地不起。

4. 病理变化

棘球蚴的囊泡常见于肝脏和肺脏。单个囊泡大多位于器官的浅表（图6-33），且凸出于器官的浆膜。囊泡为灰白色或浅黄色，呈球形或卵圆形，会波动，有弹性，切开或穿刺时可流出透明的囊液。其囊膜由两层构成，外层为角质层，内层为胚层。棘球蚴也常变性，液体被吸收后剩余浓稠的内容物，导致囊萎陷、皱缩。变性坏死和萎陷的棘球蚴会继发感染或发生钙化。

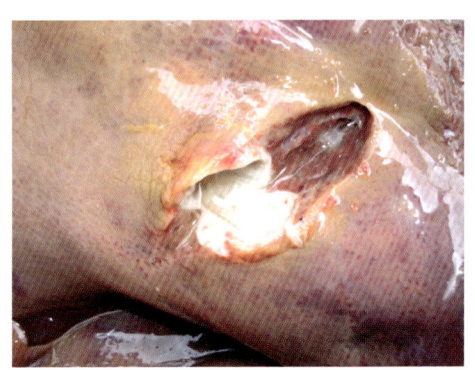

图6-33 羊棘球蚴病病理变化（肝脏浅表处囊泡）

5. 诊断

生前诊断比较困难，可采用皮内变态反应检查法、间接血球凝集试验及酶联免疫吸附试验进行诊断。尸体剖检时，在肝脏、肺脏检出带棘球蚴的囊泡（较硬）即可确诊。

6. 防治

加强肉品卫生检验工作，有棘球蚴的内脏不可喂犬，应按肉品卫生检验规程进行无害化处理。加强管理，捕杀野犬等食肉动物。保持畜舍、饲草、饮水的卫生，防止环境被犬粪污染。对犬进行定期驱虫，每2个月1次，药物可用吡喹酮（按每千克体重10毫克，内服）等。驱虫后，要注意对犬粪便进行无害化处理。

（八）羊住肉孢子虫病

羊住肉孢子虫病是由多种住肉孢子虫引起的一种羊慢性寄生虫病。临床上以心肌、骨骼、食道形成包囊为特征。

1. 病原

感染绵羊的肉孢子虫有柔嫩肉孢子虫、白羊犬肉孢子虫、巨肉孢子虫和水母形肉孢子虫；感染山羊的肉孢子虫有山羊犬肉孢子虫、家山羊肉孢子虫、莫尔肉孢子虫。虫体主要寄生在羊的心肌、食管和骨骼肌，并在肌肉组织形成椭圆形包囊，内含许多香蕉状的裂殖子，大小为（8~11）微米 × （2~4）微米。

2. 流行特点

肉孢子虫的生活史是专性异宿主寄生，生活史一般需2个宿主。裂殖生殖阶段在中间宿主（植食性动物，如羊）体内进行，而配子生殖和孢子生殖在终末宿主（肉食性动物，如犬、猫）体内进行。中间宿主（羊）吞食了终末宿主粪便的卵囊或孢子囊而被感染，终末宿主因吞食中间宿主肌肉组织内的包囊而感染。本病的发生与野外放牧及没有做好羊场生物安全有关。

3. 临床症状

轻度感染不显症状。严重感染时，羊表现不安，无力，肌肉僵硬，食欲不振，发热，贫血，腹泻，发育不良。有些出现跛行，共济失调。母羊可引起流产。

4. 病理变化

剖检可见顺着肌纤维方向出现大量白色包囊（图6-34），肌间可见一些灰色、椭圆形、坚硬、完整的包囊而不伴有炎性反应。肌肉病理切片可见一些肉孢子包囊（米氏囊）。

5. 诊断

剖检时在食管、腹部、膈脚、腰部肌肉中检出椭圆形、灰色、坚硬的包囊可做出初步诊断。必要时，对包囊进行镜检，检出裂殖子即可确诊。此外，也可用间接血凝或间接荧光抗体试验进行诊断。

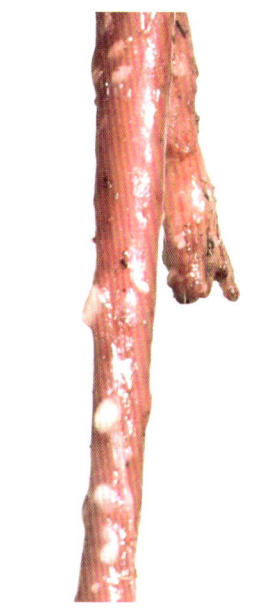

图6-34 羊住肉孢子虫病病理变化（肌纤维表面有大量白色包囊）

6. 防治

羊群要远离犬、猫等食肉动物，加强环境卫生管理，不用生肉饲喂犬、猫等动物。目前尚无可杀灭虫体的有效药物。临床上可采用吡喹酮（按每千克体重20毫克）治疗，有一定效果。

（九）羊佝偻病

羊佝偻病是羔羊在生长发育过程中，因维生素D缺乏及钙磷代谢障碍所引起的一种骨营养不良性疾病。

1. 病因

冬季出生的羔羊日光照射不足、饲料中维生素D的含量不足，以及饲料中的钙和磷比例失调等原因，造成钙磷缺失或比例失调，使羔羊的骨骼生长障碍，长生骨骼变形。

2. 临床症状

病羊表现食欲不振，有异食癖，喜卧，起卧缓慢，生长缓慢，步态僵硬，并出现跛行症状。有时也表现下痢或便秘。随着病情的发展，四肢骨骼变形，形成"O"形腿，腕关节和跗关节肿大，触诊有压痛感。晚期病羊不能行走，软脚无力（图6-35），关节着地或爬行，最终衰竭而死亡。

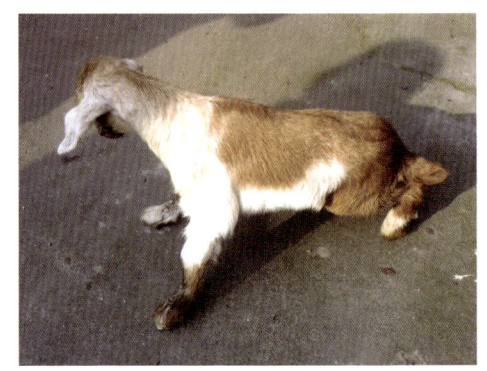

图6-35 羊佝偻病症状（软脚无力）

3. 病理变化

腕关节和跗关节肿大，肋骨近胸骨端呈念珠状肿大，肋骨和颌骨变形。

4. 诊断

根据临床症状可做出初步诊断。必要时可抽血进行血钙、血磷测定，其中血钙浓度降低至0.998~1.747毫摩尔/升或更低、血磷降低至0.968毫摩尔/升以下即可确诊。

5. 防治

加强怀孕母羊和泌乳母羊的饲养管理，供给充足的蛋白质、维生素D、钙和磷且比例恰当。出生的羔羊也要适当地补充一些骨粉、微量元素，并多晒太阳，多运动。对病羊可肌内注射维丁胶性钙,每天 1 次,连用 3 次,每次 500~2000 个单位。此外,也可以内服精制鱼肝油 3~4 毫升,每天 2 次。但骨骼已严重变形的羔羊,治疗效果不理想。

(十)羊维生素 A 缺乏症

羊维生素 A 缺乏症是维生素 A 或其前体胡萝卜素缺乏所引起的一种羊营养代谢性疾病。临床上以脑脊髓功能不全、生长发育缓慢、夜盲症、机体繁殖机能障碍等为特征。

1. 病因

维生素 A 仅存在于动物源性饲料(如鱼粉等)中,胡萝卜素存在于植物性饲料(如胡萝卜、青草、南瓜、黄玉米等)中,而谷类及其副产品如米糠、麸皮等含维生素 A 极少。若长期使用谷物、米糠、麸皮等配合饲料,未补充青绿饲料,羊只极易产生维生素 A 缺乏症。饲料在加工、调制及贮存过程中方法不得当,例如热喷、高温制粒、储存时间太长均可造成维生素 A 或胡萝卜素变质、流失。维生素 A 及胡萝卜素是脂溶性物质,它的消化吸收必须有胆汁酸的参与才能进行,因此动物患有消化道和肝脏疾患时,对维生素 A 或胡萝卜素的吸收、转化、储存、利用发生障碍,也易患此病。

初乳中维生素 A 含量较高,它是羔羊获得维生素 A 的唯一来源,故母乳不足时初生羔羊容易患病。维生素 E 可促进维生素 A 的吸收,同时作为抗氧化剂,可防止维生素 A 在肠道氧化。

2. 临床症状

本病的早期症状是夜盲症,早晨、傍晚或月夜朦胧时,病羊盲目前进,行动迟缓,共济失调,后躯瘫痪。眼里分泌一种浆液性分泌物,随后出现角膜变性,呈云雾状(图 6-36),有时出现畏光症状。此外,还有皮肤干燥、脱屑、皮炎、脱毛、蹄、角生长不良等症状。公羊精液品质不良。母羊发情紊乱,受胎率下降,胎儿发育不全,流产、早产、死胎。胎儿发育不全、

图 6-36 羊维生素 A 缺乏症症状(眼角膜呈云雾状)

先天性缺陷。羔羊生命力低下，易患支气管炎、肺炎、胃肠炎等。

3.病理变化

病羊眼睛早期出血（角膜炎），中后期出现角膜变性或溃疡。此外，有的病例还并发支气管炎、肺炎及胃肠炎。

4.诊断

根据临床症状可做出初步诊断。必要时可检查血浆中的维生素 A 和胡萝卜素含量，若含量下降可做确诊。

5.防治

加强饲养管理，做好饲料的加工、贮存工作，防止维生素 A 被破坏。在冬春季节要保证羊群有青贮饲料或胡萝卜供应。

对个别发病羔羊可采取下列方法进行治疗：

①日粮中加入适量的青绿饲料及鱼肝油，有较好的治疗效果。

②对个别病羊可肌内注射维生素 A 注射液，每次用量 2.5 万~5 万单位，或肌内注射维生素 ADE 注射液，每只羔羊 1~2 毫升（成年羊 5 毫升）。

③对眼部有病变的羊，可选用红霉素眼膏或利福平眼药水进行局部治疗。

七、羊行为异常性疾病诊治

羊行为异常时，表现跛行（如羊口蹄疫、腐蹄病、外伤）、转圈运动（如羊脑多头蚴病、李氏杆菌病）、四肢僵直（如羊破伤风）、四处狂跑（如羊狂蝇蛆病）、倒地不起（如羔羊白肌病）、啃食异物（如羊异嗜癖）等，不同疾病的病症及防治措施有所不同。

（一）羊口蹄疫

羊口蹄疫是由口蹄疫病毒引起的羊急性、热性、高度接触性传染性病。临床上以跛行及蹄冠、齿龈出现水疱和溃烂为主要特征，被列为必须通报的一类动物疫病。

1. 病原

本病病原为口蹄疫病毒，属于小RNA病毒科口蹄疫病毒属，共有A、O、C、亚洲Ⅰ型和南非型（SAT-1、SAT-2和SAT-3）7个血清型。病毒颗粒呈球形，无囊膜，直径28~30纳米。病毒结构模式中心为紧密RNA，外裹一层衣壳（约5纳米），呈20面体，由4种结构蛋白组成的60个不对称亚单位构成。病毒对含碘、氯及酸性消毒药敏感。

2. 流行特点

口蹄疫病毒有多种血清型，其中威胁山羊和绵羊的主要是亚洲O型和A型。对多数偶蹄兽均有易感性，其中牛最易感，其次是绵羊和山羊。一年四季中以冬春季节较易发。主要通过接触传播或空气传播，传播速度很快，易形成地方流行性。

3. 临床症状

病羊的舌头、口腔黏膜和蹄部皮肤会形成水疱或溃烂（图7-1至图7-4），同时体温上升到40~41℃，精神沉郁，吃食减少。在病中期可见口腔黏膜破溃，口角常流出带泡沫的口涎。此外，病羊还表现跛行，羔羊有时还会出现急性心肌炎而猝死（图7-5）。

4. 病理变化

病羊口腔、蹄部、乳房等处出现水疱和溃烂斑，消化道黏膜（特别是皱胃）有出血性炎症，肺脏出血，有时羔羊的心脏出现虎斑形条状坏死（图7-6）。

图7-1 羊口蹄疫症状（舌头黏膜形成水疱）

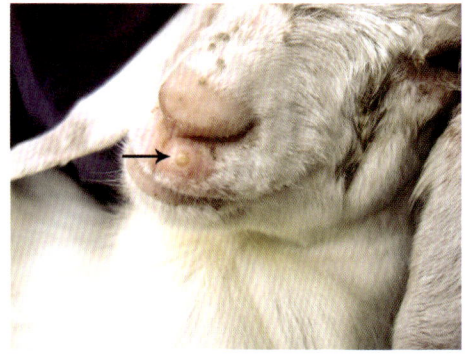

图7-2 羊口蹄疫症状（嘴巴皮肤出现水疱）

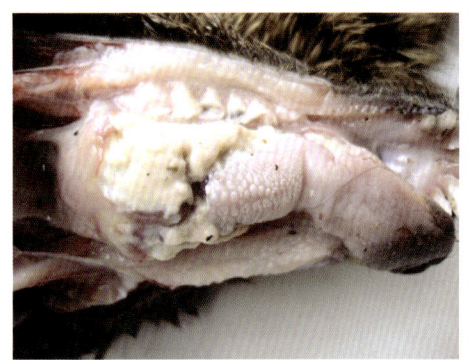

图7-3 羊口蹄疫症状（舌根溃烂）

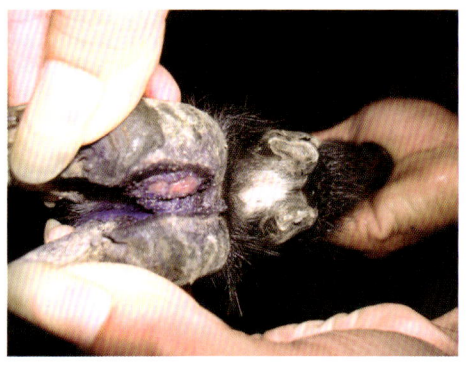

图7-4 羊口蹄疫症状（蹄部溃烂）

图7-5 羊口蹄疫症状（羔羊猝死）

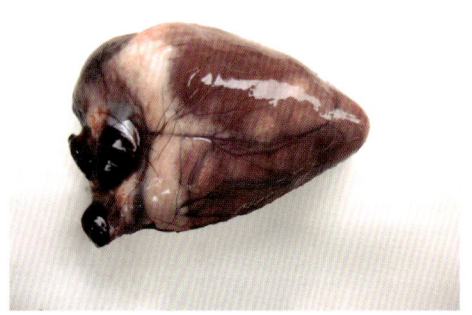

图7-6 羊口蹄疫病理变化（心肌坏死）

5. 诊断

根据临床症状可做出初步诊断。此外，可采用聚合酶链反应试验予以诊断。在临床上，本病还需要与羊传染性脓疱、小反刍兽疫、普通口炎、普通脚外伤进行鉴别诊断。

6. 防制

在生产实践中一方面要加强羊群的消毒和隔离工作，提倡自繁自养，不从疫区购羊，平时还要做好疫苗的免疫工作（采用羊口蹄疫O型和A型二价灭活疫苗）。在每年的冬春季节还要加强1~2次的疫苗免疫，每次2~3毫升。

本病属于一类传染病，按规定需对发病的羊群要采取扑杀和无害化处理。必要时可在严格隔离条件下做一些对症治疗。如用食用醋或1%高锰酸钾对口腔局部病灶进行冲洗消毒，然后再涂以碘甘油或冰硼散；在蹄部和乳房等部位可直接用碘酊消毒剂洗涤，之后再涂以消炎软膏；有发热不吃时可配合肌内注射消炎、退热注射液。

（二）羊破伤风

羊破伤风又称"锁口风"，是由破伤风梭菌引起的一种羊急性、创伤性人畜共患传染病。

1. 病原

本病病原破伤风梭菌菌体细长，大小（0.4~0.6）微米×（4.0~8.0）微米，两端钝圆，为正直或稍弯曲大型杆菌。多数菌株有鞭毛，能运动。在动物体内外均可形成芽孢（呈鼓槌状），不形成荚膜，革兰阳性，可产生外毒素。芽孢型破伤风梭菌的抵抗力很强，不易被杀灭。

2. 流行特点

破伤风梭菌在自然界广泛存在，只要羊有伤口就有可能感染发病。各种家畜均有易感性，其中幼龄动物易感性更强。羊的感染多见于各种创伤（如钉伤、刺伤、断角、断脐、阉割、剪毛等）之后一段时间。本病无季节性，通常为零星散发。

3. 临床症状

本病潜伏期为1~2周，有的会更长。病羊初期表现精神呆滞，起卧困难。随着病情的发展，四肢逐渐变硬，行走不便，时而倒地。严重时开口困难，采食和咀嚼障碍或牙关紧闭。最后表现流涎，不能采食和饮水，并有瘤胃臌气和角弓反张症状（图7-7），几天后衰竭死亡，死亡率几乎为100%。

4. 病理变化

除创口局部有炎症反应外，内脏器官一般无明显病变。

5. 诊断

根据流行病学、临床症状和病理变化可做出诊断。必要时对创伤局部进行细菌分离鉴定。在临床上，本病还需与羊狂犬病、急性风湿症、马钱子中毒等进行鉴别诊断。

图 7-7　羊破伤风症状（角弓反张）

6. 防治

平时要加强羊群的饲养管理，防止羊只意外受伤。在进行阉割、断脐或动手术时要做好有关器械的消毒和伤口消毒工作。在本病常发地区可在手术之前先注射破伤风抗毒素（每只羊皮下注射 1 万 ~2 万单位）进行预防。

发生本病后一般采取淘汰处理。对于贵重的种羊可采取局部处理、注射抗毒素及对症治疗相结合进行治疗。局部治疗要对深部创口或小创口进行扩创，同时用 3% 过氧化氢进行反复清创，之后用 2% 碘酊溶液进行消毒，同时用青霉素和硫酸链霉素进行创口注射和全身肌内注射，每日 1~2 次，连用 7 天。此外，每天肌内注射或皮下注射 10 万 ~20 万单位的精制破伤风抗毒素（分早、中、晚 3 次）。对症治疗可采取如下几个方案：当病羊兴奋不安时，可肌注氯丙嗪注射液（按每千克体重 2 毫克），也可选择使用硫酸镁或普鲁卡因等药物；当病羊出现衰竭时，每天要输液，提高病羊抵抗力；当病羊出现瘤胃臌气时，内服灌食用油或温水灌肠处理，在内服灌药或灌食用油时要采取小剂量、多次灌服，以免因咽喉麻痹造成异物性肺炎而死亡。

（三）羊李氏杆菌病

羊李氏杆菌病是由产单核细胞李氏杆菌引起的羊散发性人畜共患传染病。临床上以脑膜脑炎引起的神经症状、发病率低、死亡率高为特征。绵羊李氏杆菌病较为多见。

1. 病原

本病病原产单核细胞李氏杆菌为规整的短杆菌，菌端钝圆，大小为（0.4~0.5）微米 ×（0.5~2.0）微米，革兰阴性。在感染组织或液体培养物中常呈类球形，在抹片中多单个散在或2个并列或排成"V"字形，无芽孢和荚膜。本菌为微嗜氧菌，对外界环境抵抗力不强，一般消毒剂可将其灭活。

2. 流行特点

各种家畜、人均可感染。绵羊多见，山羊也可感染。各种年龄均可感染，其中以羔羊和妊娠母羊易感染。无明显的发病季节，多为散发。

3. 临床症状

病羊发病初期体温升高，不久就会降至常温。羔羊多表现败血症症状，表现精神沉郁，流鼻液，采食停止或减少，死亡快。年龄稍大的羔羊多呈脑膜炎症状，表现头向一侧弯曲、视力减退、呈游泳姿势倒地（图7-8），最后衰竭死亡。感染母羊表现流产，并呈急性败血症而迅速死亡。本病的发病率较低，但死亡率较高。

4. 病理变化

剖检可见明显的脑膜充血、出血、水肿（图7-9），同时可见脑脊液增多、稍混浊。流产母羊的胎盘充血、出血明显，子宫水肿。血浆和病变组织中的单核细胞增多。

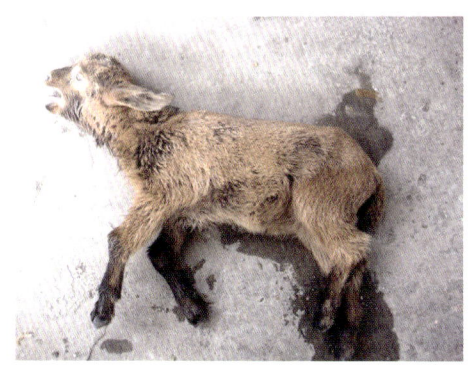

图7-8 羊李氏杆菌病症状（呈游泳姿势倒地）

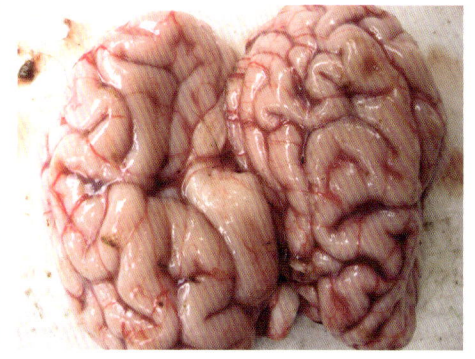

图7-9 羊李氏杆菌病病理变化（脑膜充血、出血和水肿）

5. 诊断

根据流行病学、临床表现及病理变化可做出初步诊断。必要时可进行细菌分离鉴定。在临床上，本病还需与羊多头蚴病及有流产症状的其他一些疾病进行鉴别诊断。

6. 防治

在发病早期可交替使用大剂量的磺胺类药物和广谱抗生素药物治疗。具体来说，可用20%磺胺嘧啶钠（按每千克体重50~60毫克）或硫酸庆大霉素（按每千克体重1000~1500单位）进行肌内注射，连用3~4天。当病羊出现脑神经症状时，可结合肌内注射氯丙嗪（按每千克体重1~3毫克）进行治疗，有一定效果。

（四）羊脑多头蚴病

羊脑多头蚴病是由带科多头属的多头绦虫中绦期时寄生在绵羊、山羊（牛等动物也可寄生）的脑及脊髓内所引起的一种寄生虫病。临床上以脑炎、脑膜炎及一系列神经症状，甚至死亡为主要特征，又称脑包虫病、羊疯病、羊多头蚴病。

1. 病原

本病病原为带科多头属多头绦虫的幼虫。许多脑多头蚴汇成囊泡状（图7-10），从豌豆到鸡蛋大，最大的长度可达20多厘米。囊壁薄，呈白色半透明状，囊内充满无色囊液，含150~300个蚴虫。头节有4个吸盘及钩（图7-11、图7-12），其成虫为多头绦虫，呈背腹扁平的分节带状，长0.4~1米，由200~250个节片组成。头节呈球形，头节上有4个圆形吸盘，顶突上有2圈小钩，卵巢分2叶。虫卵无色，近圆形，直径27~39微米，卵内含六钩蚴。

图7-10　许多羊脑多头蚴汇成囊泡状

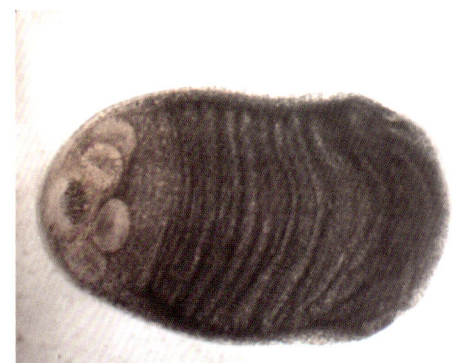

图7-11　多头蚴虫体形态

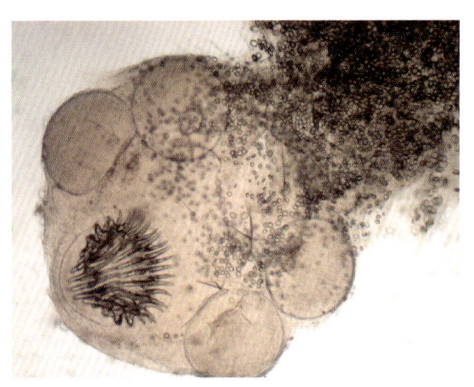

图7-12　多头蚴头节形态

2. 流行特点

本病多见于牛、羊，有时也可见于骆驼、猪、马及其他动物，极少见于人。成虫寄生于狗、狼、狐狸的小肠中。在一些地方，本病可形成地方流行性。各种日龄羊均可发生，多见于8月龄以上的羊。

3. 临床症状

羊感染后1~3周出现体温升高以及脑炎症状。2~7个月后出现异常的脑神经症状。虫体在不同的寄生部位可出现不同的症状：当虫体寄生在大脑前部（额叶）时，病羊头下垂、抵于胸前，行走时向前方直线行动，遇到障碍物时呆立不动（图7-13）；寄生于大脑左右半球时，病羊常出现转圈运动或癫痫样发作（图7-14），此时病羊的视力减弱或者消失；当虫体寄生于大脑后部时，病羊表现头高举、常后退、角弓反张，有的还表现倒地不起；当虫体寄生在小脑时，病羊表现知觉过于敏感，易惊吓，行走时平衡失调，站立不稳；当虫体寄生于腰部脊髓时，可渐进性地引起后躯和膀胱麻痹等，进而引发后躯瘫痪或尿失禁症状，这些病症到后期都会表现衰竭死亡。

 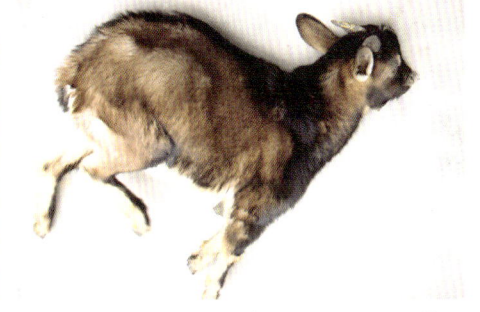

图7-13 羊脑多头蚴病症状（病羊头顶墙壁）　图7-14 羊脑多头蚴病症状（癫痫样发作）

4. 病理变化

在脑部或脊髓、肝脏可见有明显的积水囊（图7-15至图7-17），囊内有数量不等的多头蚴。此外，还有不同程度的脑炎和脑膜炎病变。

5. 诊断

根据临床症状和病理变化可做出初步诊断。在脑和脊髓中检出脑多头蚴即可确诊。

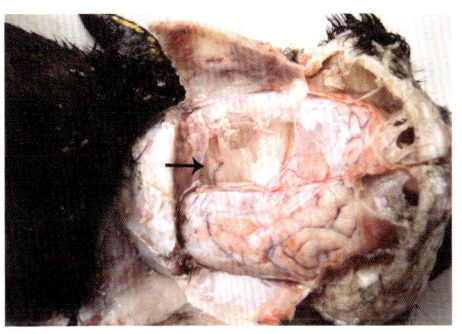

图7-15 羊脑多头蚴病病理变化（大脑积水囊）

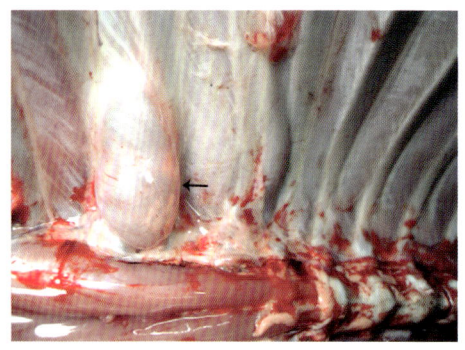 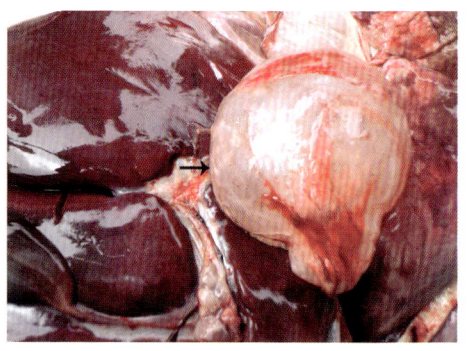

图 7-16 羊脑多头蚴病病理变化（腰椎旁积水囊）　　图 7-17 羊脑多头蚴病病理变化（肝脏积水囊）

6. 防治

对牧区内所有家犬和牧羊犬都要定期驱虫（每年 6 次），对狗排出的粪便和虫体要深埋或烧毁处理。对发生本病的病羊、死羊应烧毁或深埋处理，防止野狗等食肉动物食入而感染本病后又传染给羊群。本病一般无治疗意义。个别珍贵品种病羊可采取手术摘除治疗。

（五）羊狂蝇蛆病

羊狂蝇蛆病是羊狂蝇的幼虫寄生在羊的鼻腔及附近的腔窦内所引起的一种慢性寄生虫病。本病主要侵害绵羊，对山羊感染较轻，常引起羊慢性鼻炎、鼻窦炎和额窦炎。

1. 病原

本病病原羊狂蝇又称羊鼻蝇，属于狂蝇科狂蝇属。成蝇口器退化，其大小、形状似家蝇，灰褐色，体长 10~12 毫米，体表密生短的细毛。头大、呈半球形、黄色，胸部有断续不明显的黑色纵纹，腹部有褐色及银白色斑点，翅透明。羊狂蝇的发育过程分为幼虫、蛹和成蝇 3 个阶段。幼虫按其发育形态又可分为 3 个期：第 1 期幼虫呈淡黄白色，长约 1 毫米，体表丛生小棘；第 2 期幼虫椭圆形，长 20~25 毫米，体表棘不明显（图 7-18）；

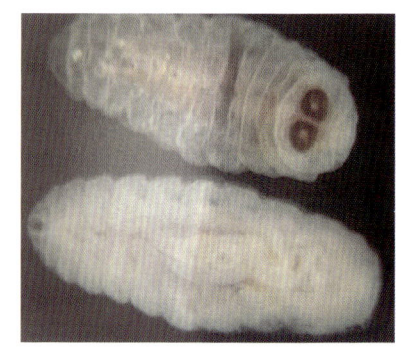

图 7-18 羊狂蝇第 2 期幼虫虫体形态（引自李祥瑞）

第 3 期幼虫长 28~30 毫米，背面隆起，腹面扁平，有 2 个口前钩，虫体背面无棘，成熟后各节上有深褐色带斑，各节前缘有数列小棘。

成蝇出现在每年的 5~9 月份，有雌雄之分。雌雄交配后，雄蝇死亡。雌蝇遇见羊只时，会急速追逐羊只，将幼虫产在羊的鼻孔附近，每次可产幼虫 20~40 个。新生幼虫爬进羊的鼻腔及鼻窦中，经 2 次脱化（大约需 9~10 个月的时间），发育为第 3 期幼虫；第 3 期幼虫只在第 2 年春天由鼻腔深部逐渐移向鼻孔，当宿主因鼻腔受幼虫蠕动刺激发痒打喷嚏时，幼虫被喷出，落地入土化成蛹；蛹期 1~2 个月，之后羽化为成蝇。成蝇的寿命 2~3 周。

2. 流行特点

在不同外界环境下，虫体各期发育的时间也不太相同：在较冷地区，第 1 期幼虫期约需 9 个月，蛹期可长达 49~66 天；在暖温带地区，第 1 期幼虫只需 25~35 天，蛹期需 27~28 天。因此，本虫在北方每年仅繁殖 1 代；而在温暖地区，本虫每年可繁殖 2 代。本病主要发生在绵羊。

3. 临床症状

成虫侵袭羊群时，羊群骚动不安，互相拥挤，频频摇头、喷鼻，或将鼻孔抵于地面，或将头隐藏于其他羊的腹下或腿间。幼虫在鼻腔、鼻窦、额窦移行过程中，由于虫体的机械刺激、损伤黏膜，可导致局部发炎、出血，病羊会流出浆液性、黏液性、脓性鼻液，有时混有血液。鼻液干涸后形成痂而堵塞鼻孔，导致病羊呼吸困难，表现为喷鼻，甩鼻子或摩擦鼻部。后期病羊喷鼻和甩鼻子症状加剧，个别可引起羊神经症状，表现为运动失调或头弯向一侧，有的出现麻痹，最后病羊可因食欲废绝而衰竭死亡。

4. 病理变化

羊狂蝇在移行过程中，易造成鼻腔、额窦黏膜组织损伤、肿胀、出血、发炎。此外，病羊有严重的消瘦、贫血病变，个别还会导致脑膜发炎或受损。

5. 诊断

根据流行特点、临床症状和病理变化可做出初步诊断。在鼻腔内发现幼虫可确诊。在临床上病羊出现神经症状时，还应与羊脑多头蚴、李氏杆菌病进行鉴别诊断。

6. 防治

在羊狂蝇蛆病流行地区成蝇活动季节，可用诱蝇板来引诱杀灭成蝇。杀灭羊体内幼虫的常用药物可选用 2% 敌百虫溶液（喷擦于羊鼻孔内，以杀死在鼻腔外围的幼虫及进入鼻腔内的幼虫）、1% 伊维菌素（按每千克体重 0.2 毫克，皮下注射）、20% 碘硝酚注射液（按每千克体重 0.05 毫升，皮下注射）、5% 氯氰柳胺钠注射液（按每千克体重5毫克，皮下注射或内服）。为防止药物中毒，每次用药时，应先进行小群实验，并注意观察，确定安全后再全群使用。必要时需要重复用药2~3次，每次间隔10~20天。

（六）羔羊白肌病

羔羊白肌病又称为肌营养不良症，是导致骨骼肌和心肌变性，并发生运动障碍和急性心肌坏死的一种营养缺乏症。

1. 病因

本病的发生主要是由于饲料中硒和维生素E缺乏或不足，或饲料内钴、锌、铜、锰等微量元素含量过高而影响动物对硒的吸收。当每千克饲料、牧草内硒的含量低于0.03毫克时，就可发生硒缺乏症。维生素E与硒元素有协同作用，当饲料保存条件不好，高温、湿度过大、淋雨或暴晒以及存放过久、酸败变质，维生素E很容易被分解破坏。目前，已经探明动物缺硒的地理分布多数在黑龙江省到四川省的大面积缺硒地带。

2. 临床症状

羔羊多在出生数周或2月后出现病症。临床上主要表现为精神委靡，运动障碍，卧地不起（图7-19）。站立时肌肉抖颤，严重的一出生就全身衰竭，不能自行站立，营养状况较差。体温多呈正常状态，心跳加速，每分钟可达200次以上，呼吸浅而快，达80~90次/分。有的还发生结膜炎，角膜混浊、软化甚至失明。心区听诊可听到心跳有间歇，节律不齐，有些病羔有舒张期杂音。

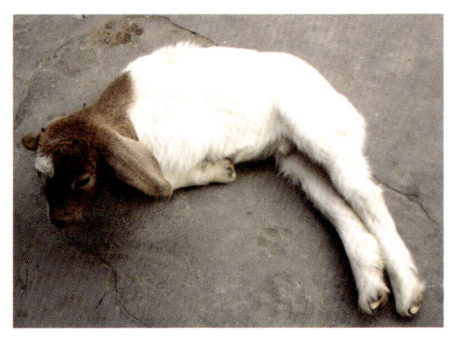

图7-19　羔羊白肌病症状（软脚无力）

少数病例伴有下痢。有些病羊不表现临床症状，在放牧或采食时突然倒地死亡。此病常呈地方性流行，死亡率有时高达40%~60%。生长发育越快的羔羊，越易发病，且死亡越快。

3. 病理变化

剖检可见骨骼肌、心肌、肝脏发生变性（图7-20）。腰、背、臀的肌肉常受害，病变局部肌肉色淡，像煮过似的，呈灰白色，有灰黄色、黄白色的点状、条状、片状等坏死（图7-21），故得名白肌病。

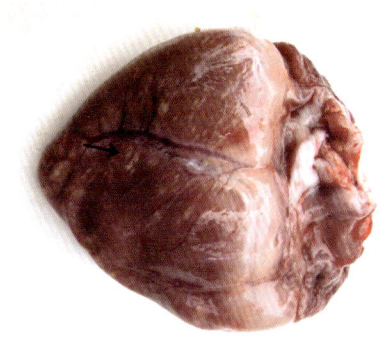 

图 7-20　羔羊白肌病病理变化（心肌条状坏死）　图 7-21　羔羊白肌病病理变化（肌肉坏死）

4. 诊断

根据临床症状、病理变化可做出初步诊断。必要时可对饲料、血液进行硒含量测定。

5. 防治

平时加强饲养管理，特别是妊娠母畜的饲养管理，在产羔前补充微量元素硒、维生素 E 等。对于缺硒地区可在饲料中适当添加一些亚硒酸钠和维生素 E。发病时可采用 0.2% 亚硒酸钠注射液 2 毫升，肌内注射，每月 1 次，连续使用 2 次。同时辅助应用氯化钴 3 毫克、硫酸铜 8 毫克、氯化锰 4 毫克、碘盐 3 克，水溶后内服，若结合肌内注射维生素 E 注射液 300 毫克，疗效更佳。

（七）羊异嗜癖

羊异嗜癖是羊新陈代谢扰乱和营养缺乏症的综合征候群。临床上以消瘦、生长发育不良、喜欢舔食墙土、毛发等异物为特征。

1. 病因

本病的发病原因大致有如下 3 个方面：

①饲料原因。主要是母羊或羔羊饲料中钠、铜、钴、钙、铁、硫等缺乏，钙、磷不足或比例失当，长期饲喂酸性饲料，缺乏必需的蛋白质等。

②环境及管理因素。羊舍拥挤，饲养密度过大，饲养环境恶劣，羊群互相舔食现象严重。圈舍采光不足，运动场狭小，户外运动缺乏，阳光照射严重不足，降低了维生素 D 的转化能力，严重影响钙的吸收。

③寄生虫病因素。药浴不彻底或患疥螨严重而引起脱毛，羊只相互啃咬羊毛及其他物质。

2. 临床症状

本病主要发生在早春，病初羊啃食泥土、粪便、破布、塑料袋等，或羔羊之间互相啃咬股、腹、尾部的被毛（图7-22）。此外，病羊还会出现被毛粗乱、生长迟缓、消瘦、下痢及贫血等临床症状。个别严重的病羊在胃肠道内常因毛球或异物造成胃肠阻塞，导致羊出现瘤胃臌气、前胃弛缓。

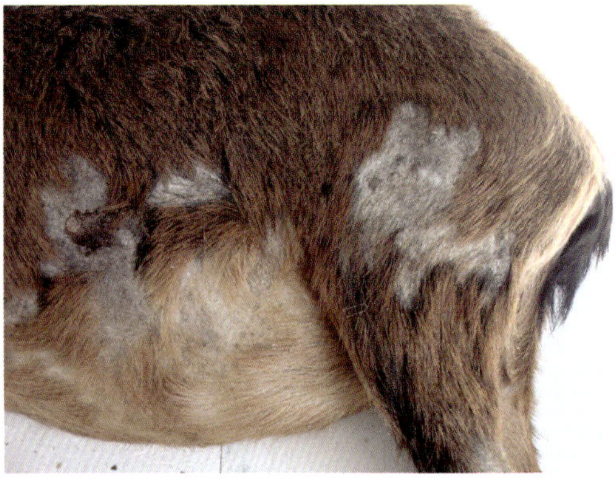

图7-22　羊异食癖症状（腹皮肤被毛被啃食）

3. 病理变化

剖检除在瘤胃内检出毛球、塑料等异物外，无其他明显的病理变化。个别严重的出现胃肠黏膜炎症。

4. 诊断

根据临床症状、病理变化和发病史可做出初步诊断。

5. 防治

首先要加强饲养管理，改善饲料质量。有条件的地方应增加放牧时间，增加运动。羊只要供给富含蛋白质、维生素及微量元素的饲料，饲料中的钙、磷比要合理，食盐要补足，也可提供富含营养的舔砖供羊群舔啃。及时清理圈内羊毛等异物，加强卫生管理，防止羊只啃食异物。

本病无特效的治疗方法，主要是加强饲养管理，及时补充营养（如矿物质、食盐等）。

（八）羊腐蹄病

羊腐蹄病是羊的蹄底皮肤和软组织受外界各种致病因子的刺激及病菌感染引起的一种外科病，又称坏死性蹄皮炎。临床上以真皮或角质层腐败、蹄间皮肤及其深层组织腐败化脓为特征。

1. 病因

本病主要原因是羊舍潮湿不洁，或在低洼沼泽牧场放牧，或有坚硬物刺破趾间，造成蹄间外伤，又被各种腐败菌感染。在患蹄部经常可以分离到坏死杆菌、节瘤拟杆菌、结节状梭菌、化脓性棒状杆菌、包柔螺旋体、弯曲杆菌、产黑色素类杆菌、葡萄球菌和链球菌等。现已证明，节瘤拟杆菌为腐蹄的原发性病原菌。节瘤拟杆菌能产生蛋白酶，能消化角质，使蹄的表面及基层易受侵害，并在坏死厌气丝杆菌、坏死梭杆菌等病菌的协同作用下，引起羊蹄腐烂损害。

在舍饲育肥羊过程中，日粮精粗饲料搭配比例失调也是导致羊只出现肢蹄病的重要原因。特别是盲目加大精饲料含量，导致育肥羊日粮中粗饲料不足，引起瘤胃酸度过高，继而产生大量的组织胺，也是导致腐蹄病的发生的原因之一。

2. 临床症状

典型的临床症状是患肢跛行及剧烈疼痛表现，病程发展比较缓慢。病轻的只在蹄底部、球部、轴侧沟有很小的深棕色坑（图7-23）。严重时病变小坑会融合在一起，形成长形黑色小沟，最后糜烂的深部暴露出真皮。有的病例可发展到深部组织，引起指（趾）间蜂窝织炎，患蹄恶臭，严重时蹄匣脱落。

图7-23 羊腐蹄病症状（蹄部深棕色坑）

3. 病理变化

蹄底出现黑色小沟、较深，周围组织炎症坏死，此外炎症可波及趾间及蹄叶。个别严重病例，可形成全身败血症病变。

4. 诊断

根据临床症状、病理变化可做出初步诊断，必要时可对局部病变组织进行病原分离鉴定。

5. 防治

排除发病的原因。避免蹄部长期处于潮湿状态，不要在潮湿沼泽地长期放牧。要做好场所环境卫生，经常进行蹄部的检查、修理，防止蹄部刺伤，防止蹄部角质软化。据报道，锌制剂对预防该病有明显效果。此外，将浴蹄池设置在被感染羊每天必经之地，每天进行2次浴蹄（常用的浴蹄液为4%的硫酸铜溶液），也有一定的预防效果。

本病的治疗应先用蹄刀完全除去黑色腐烂组织。对过长的蹄壁宜加修整。然后扩开所有的创道，局部用0.1%高锰酸钾溶液或2%复合酚冲洗，然后涂擦5%碘酊，疗效较好。此外，也可使用中药，将广丹15克、乳香15克、没药15克、轻粉15克、炉甘石30克、冰片3克、硼砂7克共研为末，调入凡士林后填腐烂蹄部，并外绑绷带包扎。若有继发全身症状，还要采用抗菌消炎、对症治疗措施。

八、羊繁殖障碍性疾病诊治

羊繁殖障碍性疾病在羊场也较常见,包括怀孕母羊出现流产、死产(如羊布氏杆菌病、衣原体病、钩端螺旋体病、弓形虫病、普通流产)、胎衣不下、乳房炎、子宫内膜炎、难产、生产瘫痪等。此外,还有母羊不发情、产羔数量少、产弱仔等。这些疾病对羊群繁殖性能影响较大。

(一)羊布氏杆菌病

羊布氏杆菌病是由布氏杆菌引起的一种羊慢性传染病,为人畜共患病。主要侵害生殖器官,母羊表现流产与不育,公羊发生睾丸炎。

1. 病原

布氏杆菌属有6个种,引起羊布氏杆菌病的病原主要是马耳他布氏杆菌(即羊布氏杆菌),其次为绵羊布氏杆菌。布氏杆菌为革兰阴性球杆菌,无鞭毛、荚膜和芽孢。在土壤、水中和毛皮上能存活几个月,一般消毒药能很快将其杀死。

2. 流行特点

本病在各品种、日龄羊均可感染,其中母羊较公羊易感,且随着性成熟,易感性会逐渐增强。主要经消化道感染,也可在配种时经黏膜或皮肤接触感染。在羊群中,发病初期仅为少数孕羊流产,以后逐渐增多,严重时流产率可达90%以上。

3. 临床症状

羊流产前往往无明显的前兆,多数只表现少量减食、阴门流出黄色黏液,有时羊群可并发关节炎、睾丸炎、乳房炎等病症。流产多发生在母羊怀孕后的3~4个月(图8-1)。流产后母羊迅速恢复正常食欲。

4. 病理变化

胎衣呈黄色胶冻样浸润,有些胎衣覆有黏稠状物质,胎盘有出血、水肿病变(图8-2)。流产胎儿的胃肠、膀胱浆膜可见出血点或出血斑。个别公羊还有睾丸肿大、关节炎病变。

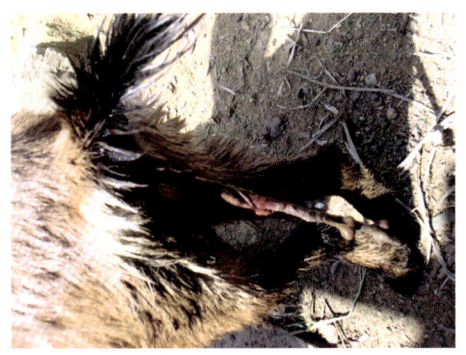
图 8-1 羊布氏杆菌病症状（母羊流产）

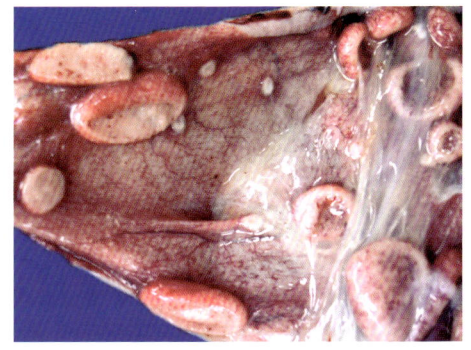
图 8-2 羊布氏杆菌病病理变化（胎盘出血、水肿）

5. 诊断

通过抽血进行血清平板凝集试验、试管凝集试验、酶联免疫吸附试验等而做出诊断。

6. 防治

平时定期对羊群进行抽血普查。不同地区，对羊群的预防措施有所不同：在北方感染率高于5%地区，要采用羊布氏杆菌病相关疫苗进行免疫接种；南方地区，对羊群不采取疫苗免疫，对阳性病例要采取扑杀和无害化处理，可疑病羊要及时隔离饲养，并做好场所的消毒和流产胎衣的无害化处理。对大型羊场提倡自繁自养，严禁从疫区引种羊。本病一般无治疗意义。若要治疗，可选用硫酸链霉素、盐酸土霉素、头孢类、磺胺类药物进行治疗，但不易根治，一段时间后易复发。

（二）羊衣原体病

羊衣原体病是由衣原体感染绵羊、山羊（猪、牛、人等也可感染）引起的一种传染病，为人畜共患病。临床上以发热、流产、死胎和产弱羔为特征，部分病羊表现为关节炎、结膜炎等症状。

1. 病原

本病病原在分类上属于衣原体科衣原体属，为革兰阴性菌，姬姆萨染色呈深蓝色。衣原体是专性细胞内寄生的微生物，只能在易感宿主细胞质内增殖。

2. 流行特点

山羊、绵羊及其他畜禽对衣原体均易感。本病可导致羊出现肺炎、肠炎、结膜炎、脑炎、母羊流产、羔羊多发性关节炎等多种病症。病羊和隐性感染羊是本病的传染源，大多经消化道感染，有时也可通过交配或昆虫传播而感染。

3. 临床症状

临床上，本病主要有以下3个病型：

①流产型。母羊怀孕的最后一个月易流产，流产前无特征性先兆，流产后从母畜阴户流出粉红色或奶油样黏液，还表现胎衣不下或滞留。羊群流产率可达20%~30%。

②关节炎型。主要发生于羔羊，表现为一肢或四肢跛行，关节肿胀（图8-3），触摸有热痛感。发病率达30%或更高。这些病羊由于行动迟缓，影响采食和运动，故生长缓慢。

③结膜炎型。又称滤泡型结膜炎，主要发生于绵羊。最初眼结膜出血、水肿（图8-4），羞明流泪，接着眼角膜出现不同程度的混浊（产生翳膜）（图8-5），严重时瞎眼。经3~4天在眼睑上可形成一些大小为1~10毫米的淋巴滤泡。

图8-3 羊衣原体病症状（四肢关节炎症肿大）

图8-4 羊衣原体病症状（眼睑水肿）

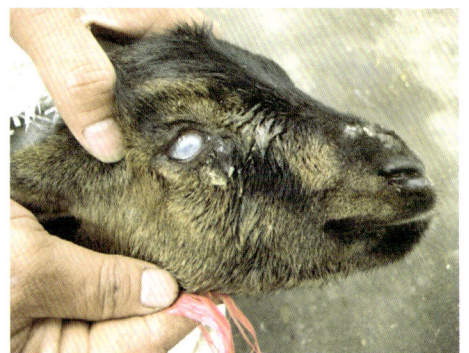

图8-5 羊衣原体病症状（眼睛出现翳膜）

4. 病理变化

①流产型。流产胎儿全身水肿，皮下出血，剖检可见胎儿皮下胶样浸润，腹腔和胸腔有大量红色渗出液。母羊子宫内膜和子叶出现炎症坏死（红褐色或土黄色）（图8-6）。

②关节炎型。羔羊关节肿大，关节内有炎症渗出（图8-7）。

③结膜炎型。早期导致结膜炎症发红，中后期眼角膜出现坏死混浊。

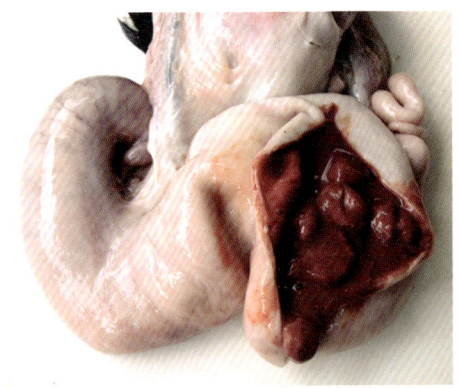
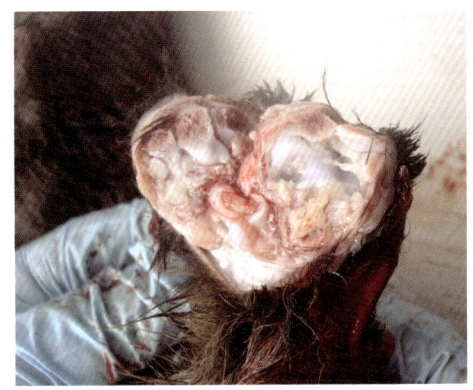

图 8-6 羊衣原体病病理变化（子宫内膜和子叶炎症坏死）

图 8-7 羊衣原体病病理变化（关节炎症渗出）

5. 诊断

根据流行病学、临床症状、病变可做出初步诊断。必要时可接种鸡胚进行病原分离鉴定或采用血清学方法或聚合酶链反应试验进行诊断。

6. 防治

在本病流行地区可接种羊衣原体病灭活疫苗进行预防。此外，还需做好环境的消毒，以及流产胎儿和胎衣的无害化处理。发病时可采用青霉素或盐酸四环素等药物进行治疗。对关节炎型病例，要配合磷酸地塞米松和安痛定等进行治疗；对结膜炎型病例，要配合氯霉素眼药水或利福平眼药水或1%~2%黄降汞软膏等进行局部处理。

（三）羊钩端螺旋体病

钩端螺旋体病简称钩体病，是羊和哺乳动物以及人共患的一种自然疫源性传染病。临床上以视黏膜黄染、尿液呈暗红色为特征。

1. 病原

本病病原钩端螺旋体，一端或两端弯成钩状，大小为（6.0~20.0）微米×（0.1~0.2）微米，在暗视野显微镜下呈细长的串珠状，运动活泼。革兰染色阴性，但着色不良。镀银染色较好，呈棕黑色，但菌体变粗，螺旋不清。本病原对热敏感，一般消毒药也易杀灭。

2. 流行特点

本病是人畜共患病，鼠类最易感。带菌鼠在本病的传播上起重要作用，多发于气候温暖、潮湿多雨、鼠类活动频繁的地区，如长江流域。每年的7~10月份是流行高峰，其他季节多为散发。各种年龄的羊均可发生，但羔羊发病时病情较重。本病主要通过消化道或皮肤黏膜感染。本病的发生与羊在野外（特别在水田、池塘、沼泽地、淤泥等地方）放牧接触到钩端螺旋体有关。钩端螺旋体感染羊的发病率相对较低。

3. 临床症状

病羊体温升高，呼吸加快，可视黏膜黄染（图8-8），尿液为暗红色。有时也有结膜炎，鼻流浆液性或脓性分泌物症状。有时可导致怀孕母羊流产。

4. 病理变化

病死羊的可视黏膜黄染，皮下组织水肿，胸腹腔黄色液体增多，肝脏肿大呈黄褐色（图8-9），肾脏明显增大、被膜易剥离、切面骨髓质和皮质界线消失，膀胱积血红蛋白尿（图8-10）。血液稀薄如水，心脏淡红色。

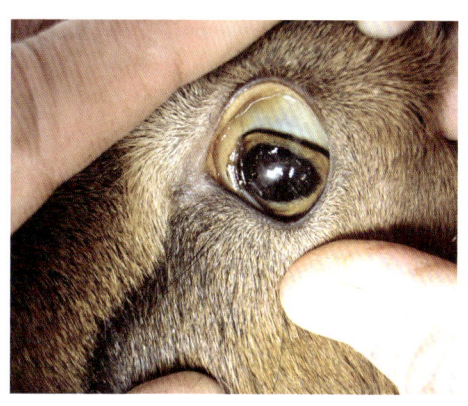

图8-8　羊钩端螺旋体病症状（眼结膜黄染）

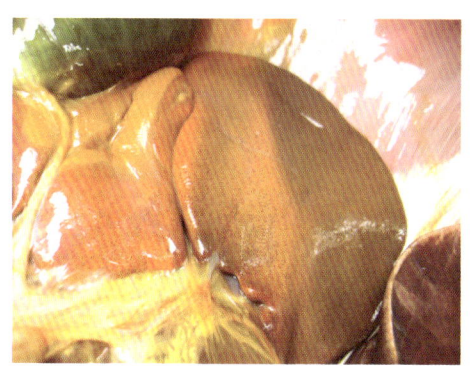

图8-9　羊钩端螺旋体病病理变化（肝脏肿大呈褐色）

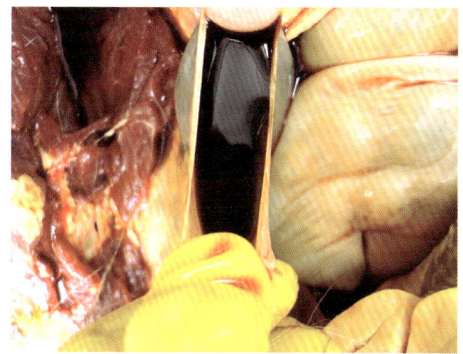

图8-10　羊钩端螺旋体病病理变化（膀胱积血红蛋白尿）

5. 诊断

对本病诊断可采取以下3种方法：

①直接镜检。取血液、尿液、体液经离心后取沉淀物进行压片，在显微镜下检查虫体，或将病死羊内脏组织进行研磨，经离心取上清液，再经离心后取沉淀物进行显微观察。

②血清学检查。可用间接血红色试验、酶联免疫吸附试验等进行诊断。

③动物接种。取病羊的血、尿、肝脏、胃等病料制成混悬液，取1~3毫升接种仓鼠或豚鼠或仔兔。3~5天后接种动物出现体温升高、黄疸症状，扑杀发病动物并观察病变，进行病原检查确诊。

6. 防治

平时要做好环境卫生，定期灭鼠。羊群要提倡自繁自养，不到疫区引种羊。在本病常发地区，使用疫苗进行免疫接种有一定的效果。治疗上可选择使用青霉素或盐酸四环素类等药物，使用新砷凡钠明也有一定的效果。在治疗过程中要禁止病羊进出，并做好羊舍粪便及污染物的无害化处理（如采用粪便堆积发酵），并用消毒水进行严格消毒，防止病原扩散和本病的复发。

（四）羊弓形虫病

羊弓形虫病是龚地弓形虫寄生于羊而引起的一种人畜共患原虫病。临床上以流产、死胎和产弱羔羊为特征。

1. 病原

本病病原龚地弓形虫科弓形虫属。其发育阶段不同而有不同形态，在羊等中间宿主体内有速殖子和包囊两种形态。

①速殖子。位于细胞内的速殖子主要见于急性病例的腹水、脑脊髓液、脾脏、淋巴结等有核细胞中，位于细胞外的速殖子为游离的单个虫体，呈新月形、香蕉形或弓形（图8-11）、梨子形、梭形、椭圆形，大小为（4~7）微米×（2~4）微米，一端稍尖，另一端钝圆。姬氏或瑞氏染色后，胞浆浅蓝色，有颗粒，核呈深蓝紫色，偏于钝圆一端。革兰染色胞浆呈红色，胞核着色淡，呈透亮的空泡状。

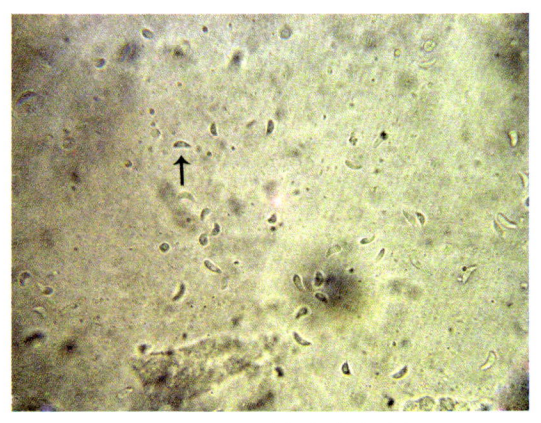

图8-11　弓形虫速殖子形态

②包囊。又称组织囊或真包囊，是由中间宿主组织反应形成的，见于慢性病例或无症状病例的脑、视网膜、骨骼肌及心肌、肺脏、肝脏、肾脏等组织中。包

囊呈圆形、卵圆形或椭圆形，直径 8~150 微米，多为 20~60 微米，囊壁较厚，囊内含虫体几个至数千个。包囊内的虫体发育和繁殖慢，处于相对静止状态，故又称慢殖子。在终末宿主猫体内有裂殖体、配子体和卵囊 3 种形态，均位于肠上皮细胞内。

2. 流行特点

羊弓形虫病分布广泛。本病的中间宿主范围也非常广泛，包括人、猪、绵羊、山羊、牛、马、鹿、兔、犬、猫、鼠等多种哺乳动物。终末宿主仅为猫、豹、猞猁等猫科动物。病原除在中间宿主与终末宿主之间循环之外，更为重要的是可在中间宿主范围内相互进行水平传播。主要传染源为病畜和带虫者。其肉、内脏、血液、分泌物、排泄物及乳、流产胎儿体内、胎盘都含有大量慢殖子、快殖子；终末宿主体内的卵囊随粪排出后，污染饲料、饮水和土壤，可保持数月的感染力。传播途径主要是经消化道感染。

3. 临床症状

本病在成年羊多呈隐性感染，怀孕母羊感染弓形虫后，虫体可经胎盘进入胎儿体内，可导致先天性感染，引起流产、死胎、胎儿畸形及不孕等。少数病例可出现神经系统和呼吸系统症状，表现呼吸困难、咳嗽、流泪、流涎、有鼻液、视力障碍、体温 41℃以上（呈稽留热）、腹泻等症状。慢性病例病程较长，病羊表现为厌食、逐渐消瘦、贫血。

4. 病理变化

慢性病例常见于老龄羊，可见各内脏器官的水肿，并有散在坏死灶。母羊流产时，大约一半的胎膜有病变，子叶呈暗红色，在胎膜上有许多直径为 1~2 毫米的白色坏死灶。产出的死羔呈皮下水肿，体腔内有过多的液体。

5. 诊断

根据流行特点、临床症状、病理变化，可做出初步诊断。确诊可将病羊或死羊的体液涂片染色，在显微镜下检查有无速殖子；此外，对羊群进行抽血检查弓形虫的抗体也可作为诊断参考。

6. 防治

猫为终末宿主，预防本病应严格做好猫的管理工作，尽量少养猫，也要防止野猫进入羊舍。防止猫的一切分泌物、排泄物污染羊的饲草、饲料和饮水。发现病羊，应及时隔离。药物可用磺胺类药物，如磺胺嘧啶、磺胺间甲氧嘧啶钠（按每千克体重 60~70 毫克，肌内注射或内服，每天 2 次，连用 3~4 天），均具有良好防治效果。

（五）母羊流产

母羊流产是指胚胎在妊娠过程中受到多种原因影响导致母羊妊娠终止，这是一种产科病。临床上以产出死胎或不足月胎儿，或胚胎在子宫中被吸收为特征。

1. 病因

造成羊流产的原因很多，有传染性的原因，如布氏杆菌病、弯杆菌病、毛滴虫病、衣原体病等；也有非传染性原因，如母羊的饲养管理不良、饲料发霉、药物中毒、生殖系统疾病等。

2. 临床症状

由于妊娠时期不同，临床症状也各有不同，主要有如下 4 种情况：

①隐形流产。在怀孕早期，胎儿尚未完全形成，此时胎儿死亡，其组织出现液化而被母体吸收或排出脓性杂物。此时，母羊腹围不再增大反而缩小。

②早产。排出不足月的活胎儿，母羊也有正常的分娩征兆和过程，但程度较轻，不太明显。在胎儿排出前 1~2 天，母羊的乳房和阴户也有肿胀表现（图8-12）。

③小产。排出不足月的死胎（图8-13），胎儿和胎衣都很小。母羊也没有明显的分娩征兆而突然发生。

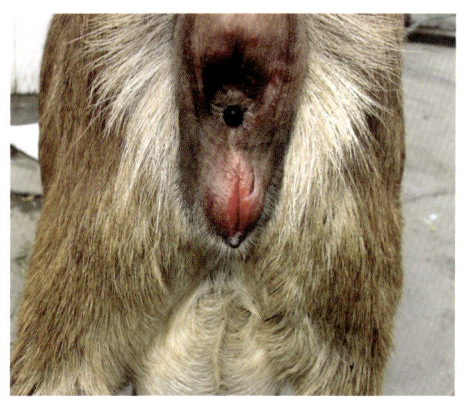 

图8-12 母羊流产症状（母羊阴户红肿） 图8-13 母羊流产症状（母羊排不足月死胎）

④延期流产。死胎长期滞留子宫，超过预产期排出胎儿，此时胎儿变黑，母羊的分娩征兆也不明显。

3. 病理变化

母羊流产后易导致子宫炎、阴道炎等病变。

4. 诊断

传染性病因导致的流产,一般发病率比较高、流产率高;而非传染性病因导致的流产,多为零星发生。

5. 防治

平时要加强饲养管理,防止怀孕母羊受到意外伤害。对有流产预兆的母羊要采取保胎和安胎措施,每次可肌内注射黄体酮15~25毫克,每天1次,连用3天。

对确已发生流产的母羊,要让母羊把胎儿和胎衣排干净,必要时要人工助产或肌内注射缩宫素或氯前列烯醇。对发热不吃的母羊,要肌内注射广谱抗生素(如青霉素和硫酸链霉素)进行消炎处理,必要时还要结合静脉注射进行对症治疗。对于流产率高的羊群,要认真地进行化验和诊断,及时找出病因,采取相应的防范措施。

(六)母羊胎衣不下

母羊胎衣不下是指母羊分娩后,胎衣超过了正常时间(绵羊为3.5小时,山羊为2.5小时)仍不排出,即为胎衣不下,这是一种产科病。

1. 病因

主要病因有如下5个:

①产后子宫收缩无力,主要因为怀孕期间饲料单纯,缺乏无机盐、微量元素和某些维生素,以及产双胎、胎儿过大及胎水过多、分娩时间过长等。

②母羊怀孕期缺乏运动或运动不足,引起子宫弛缓,因而胎衣排出缓慢。

③母羊肥胖,分娩时子宫收缩无力。

④母羊患布氏杆菌病,因而胎衣不下。

⑤流产和早产等原因也能导致胎衣不下。

2. 临床症状

一般没有明显的全身症状,只见少量胎衣附着在阴户外不易排出(图8-14)。经1~2天后,停滞的胎衣开始腐败分解,

图8-14 羊胎衣不下症状(胎衣附着在阴户外不易排出)

从阴道内排出污红色的恶臭液体。若腐败分解产物被子宫吸收，可导致母羊出现败血症，此时病羊会出现体温升高、精神沉郁、食欲减退等全身症状。

3. 病理变化

本病病理变化主要是出现不同程度的子宫炎和阴道炎。

4. 诊断

根据临床症状做出初步诊断。

5. 防治

本病的预防，要加强饲养管理，做好相关疫病的疫苗免疫，加强母羊合理运动。预防胎衣不下，可在母羊分娩破水时，可接取羊水100~200毫升于分娩后立即灌服给母羊，可促进子宫收缩，加快胎衣排出。

本病的治疗，要促进子宫收缩，加速胎衣排出。可皮下或肌内注射垂体后叶素20~100单位。最好在产后8~12小时注射。此外，也可注射缩宫素2~5毫升或麦角新碱6~10毫克。必要时可采取手术剥离。若母羊出现子宫炎症感染或出现全身败血症症状，还要结合肌内注射盐酸林可霉素和头孢噻呋钠进行消炎处理，连用3天。

（七）母羊乳房炎

母羊乳房炎是由于乳房受到机械性、物理性、化学性、生物性的致病因素作用，导致乳头或乳腺组织出现炎症或增生，这是一种常见产科病。

1. 病因

包括病原（如葡萄球菌、链球菌、大肠杆菌、化脓性棒状杆菌、结核杆菌等）感染、机械损伤（如外伤、幼畜咬伤等）、饲养管理不良（如徒手挤奶造成损伤、机械挤乳时消毒不严、场地较脏、喂精料过多等）、一些疾病诱发（如感冒、子宫炎等）。

2. 临床症状

母羊乳房炎可分为如下3种类型：

①急性乳房炎。乳房肿大、发红（图8-15）、发热、变硬，有疼痛表现。挤奶不畅，或挤出絮状、带脓血乳汁，或挤出水样乳汁。此外，还有体温升高、食欲减少表现，严重的还会导致败血症而死亡。

②慢性乳房炎。一般无明显的全身症状，只有乳房局部变硬（图8-16），同时会挤出带颗粒状或絮状凝乳块羊奶。

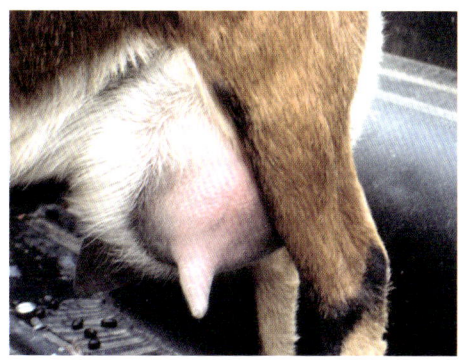 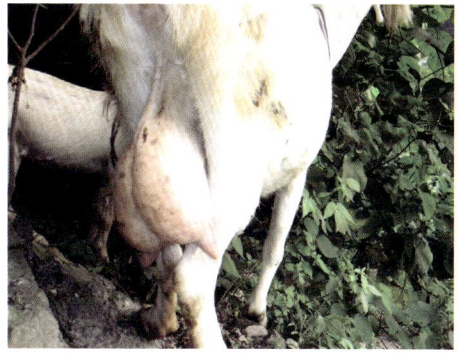

图8-15 羊乳房炎症状（乳房肿大，皮肤发红）　　图8-16 羊乳房炎症状（乳房肿大变硬）

③隐性乳房炎。母羊在临床上无任何症状，乳汁也没有肉眼变化，但乳汁易变质。

3. 病理变化

急性乳房炎病例会出现不同程度的炎症表现（肿大、发红、变硬），严重时可导致乳房出现化脓；慢性乳房炎病例以乳房炎症增生为主；隐性乳房炎病例的病理变化不明显。

4. 诊断

根据临床症状和病理变化可做出初步诊断。隐性乳房炎需对乳汁进行化验才能确诊。

5. 防治

改善羊圈的卫生条件，平时挤奶时要注意乳房消毒和按摩工作。做好怀孕母羊后期和泌乳期的饲养管理工作，产奶较多时要控制精料摄入量。

在发病早期可对乳房局部采用冷敷处理，中后期可采用热敷和涂擦鱼石脂软膏进行消炎处理。对化脓性乳房炎可采取动手术排脓和消炎处理。对急性乳房炎在挤奶后可通过乳导管将消炎菌物（如青霉素和硫酸链霉素）稀释后注入乳房内，每天2~3次，连用3~4天。对有全身症状的病羊还要肌内注射青霉素、硫酸链霉素注射液，或内服磺胺类药物进行全身治疗。此外，也可用当归15克、蒲公英30克、二花12克、龙胆草12克、连翘6克、赤芍6克、川芎6克、瓜蒌6克、生地6克、山枝6克、甘草10克，研磨后开水调剂或煎煮后待凉灌服，每天1次，连用3~5天，有一定效果。对慢性乳房炎或隐性乳房炎则要通过加强饲养管理，结合中药调理治疗。

（八）母羊子宫内膜炎

母羊子宫内膜炎是指母羊的子宫黏膜发生炎症病变，这是一种常见产科病。

1. 病因

由于母羊分娩后胎衣不下或分娩、配种、人工授精过程中消毒不严，造成了母羊子宫内膜炎；一些传染病（如布氏杆菌病、李氏杆菌病、结核杆菌病、衣原体病等）的存在，也会导致母羊发生子宫内膜炎。

2. 临床症状

母羊子宫内膜炎可分为急性和慢性两种类型：

①急性子宫内膜炎。多发生于分娩过程中或分娩、流产后一段时间。病羊主要表现体温升高、精神差、食欲不振、常见拱背、努责、常做排尿姿势，并从阴户中流出具有腥臭味的粉红色或黄白色分泌物（图8-17、图8-18），严重时可感染败血症而导致病羊死亡。

②慢性子宫炎。病羊经常从阴道内排出带混浊的分泌物或少量脓性分泌物（图8-19）。全身症状不明显，吃食基本正常，但配种后不易受孕或早期易滑胎。

图8-17　羊子宫内膜炎症状（阴户流出粉红色分泌物）

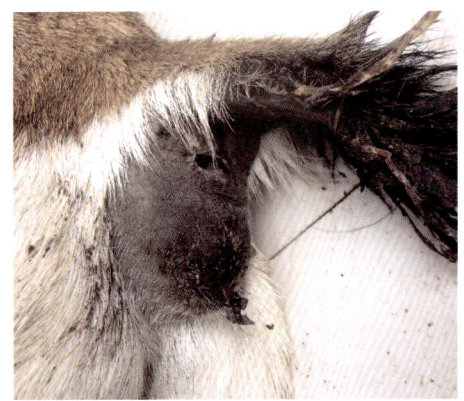

图8-18　羊子宫内膜炎症状（阴户流出黄白色分泌物）

图8-19　羊子宫内膜炎症状（阴户流出少量脓性分泌物）

3.病理变化

急性子宫内膜炎，剖检可见子宫角肿大，子宫内充满脓性或粉红色分泌物。慢性子宫炎，剖检无明显的内脏病变。

4.诊断

根据发病史、临床症状和病理变化可做出初步诊断。

5.防治

平时保持羊圈卫生清洁。在母羊助产和人工授精等操作时要注意消毒，尽量减少人为对产道的损伤。对于自然交配的羊群要定期检查公羊的生殖器，看看有无炎症化脓情况，如果有要及时消毒，并做消炎处理。

针对不同的子宫炎，可采取不同的治疗方案：

①对于严重的急性子宫内膜炎，要局部冲洗子宫与全身治疗相结合。具体来说，可选择使用0.1%~0.2%乳酸依沙吖啶溶液或0.1%~0.3%高锰酸钾溶液或0.1%聚维酮碘溶液进行冲洗子宫，每天1次，连用3~4天；同时要用青霉素80万国际单位和硫酸链霉素0.5克进行肌内注射，每天1次，连用3天。

②对于慢性子宫炎病羊，可将青霉素80万国际单位和硫酸链霉素0.5克溶解在100毫升生理盐水中，直接注入母羊子宫内进行局部消炎处理，1~2次即可。此外，可使用中药治疗，取益母草5克、当归8克、蒲黄5克、川芎3克、茯苓5克、桃仁3克、五灵脂4克、香附4克，水煎保温加黄酒20毫升，1次灌服，也有一定效果。

（九）母羊难产

母羊难产是指母体或胎儿异常所引起的胎儿不能顺利通过产道，这是一种产科疾病。难产不仅会造成胎儿死亡，而且会危及母羊的生命。

1.病因

根据发生原因不同，母羊难产分为母羊异常性难产和胎儿异常性难产两种：

①母羊异常性难产。主要原因如下：母羊配种偏早，体型较小，产道没有发育成熟，阴门、阴道、子宫颈等产道狭窄；母羊营养不良，体质瘦弱，运动不足，尤其是老龄或患有全身性疾病的母羊，常因子宫及腹壁收缩无力导致阵缩及努责微弱，胎儿难以产出；怀孕母羊患有某些传染病或产科病，如布氏杆菌病。

②胎儿性异常性难产。主要原因如下：胎儿的姿势不正或方向异常，胎儿过大，胎儿畸形；胎膜破裂过早，羊水流尽，产道干，胎儿不能正常产出；胎儿及胎膜

发生腐败，由于毒素的作用，降低子宫平滑肌的兴奋性，以致子宫收缩无力或麻痹。

2. 临床症状

母羊间歇性腹痛，起卧不安，时而卧地努责，时而起立，前蹄刨地，回头顾腹，不停地咩叫。阴门肿胀，有时露出部分羊水疱，有时可见胎蹄或胎头，但胎儿长时间不能产下（图8-20）。

3. 病理变化

母羊难产后病理变化主要在产道，表现子宫和阴道有不同程度的炎症水肿，严重时出现淤血和出血病变。

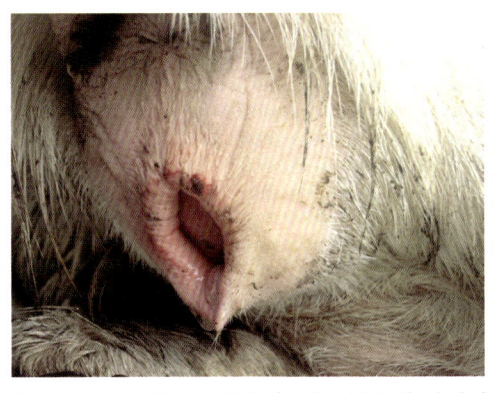

图8-20 羊难产症状（胎儿长时间不能产出）

4. 诊断

孕羊出现分娩症状后长时间胎儿不能产出，就可确诊为难产。

5. 防治

预防要做到如下3点：不要过早进行配种，尤其是公羊、母羊混群放牧时更应注意。羔羊从3个月大以后，公羊、母羊应该分群饲养，防止偷配现象；加强孕羊的饲养管理，适当运动以增强体质，避免体型过瘦或过于肥胖；分娩前要做好接羔助产的各项准备工作，要有专人负责，如发现分娩过程异常要及时助产。

发现难产要及时救治，可采取如下措施：

①若胎位正常，胎膜尚未破裂，可不必忙于干预，只需轻轻按摩腹壁，并将腹部下垂部分向后上方推压，以刺激子宫平滑肌的收缩，常可收到较好的效果。

②若胎位正常，羊水已经流出，但子宫收缩无力，可以使用增强子宫收缩药物，如用缩宫素、垂体后叶素、氯前列烯醇等。

③若胎位正常，产道狭窄，首先向阴道内灌注温肥皂水，然后用线绳缓缓牵拉胎头或前肢，助产者尽量用手扩张阴门或阴道。若试拉无效，应切开狭窄部，拉出胎儿，然后立即缝合切口。

④若胎位不正，先矫正胎位，然后再进行助产。若子宫颈扩张不全或胎儿的产出受机械性障碍，或胎位异常又不易矫正，应尽早施行剖腹产手术，取出胎儿。

在助产过程中注意消毒、止血、消炎等环节。

（十）母羊生产瘫痪

母羊生产瘫痪是母羊分娩前后发生的一种严重的营养代谢性疾病，又称乳热病或低血钙症。

1. 病因

分娩后母羊血液中钙的浓度急剧降低是导致本病发生的根本原因。母羊在怀孕后期，由于营养需要而处于高钙水平，从而使甲状旁腺机能降低。开始大量泌乳后，钙随乳汁大量流失，造成血钙水平急剧下降，而机体又不能及时补充，从而引起发病。

2. 临床症状

本病发病突然，病程进展快。病初主要表现食欲不振或废绝，反刍减少至停止，瘤胃蠕动减慢或消失。步态不稳，呼吸常见加快，随后出现瘫痪症状。进食、排泄完全停止，针刺反射降低，全身出汗，肌肉震颤，心音减弱、速率增加，有些羊出现典型的麻痹症状，体温下降，如治疗不及时很快导致死亡。病情较轻时，主要特征是头颈呈"S"状弯曲，精神沉郁而不昏迷，反射减弱而不消失，站立不稳或卧地不起（图8-21），体温下降。一般轻型症状占多数。

图8-21 母羊生产瘫痪症状（卧地不起）

3. 病理变化

本病无明显的病理变化。

4. 诊断

根据发病史、临床症状可做出初步诊断。

5. 防治

预防上加强妊娠后期的饲养管理，在生产前饲喂一些低钙高磷饲料，生产后饲喂高钙饲料。对易发本病的羊分娩后要及时预防，首选的药物为5%氯化钙注射液40~60毫升、10%葡萄糖注射液80~100毫升、10%安钠咖注射液5毫升，混合后1次静脉注射。

本病的治疗可采用如下措施：

①补钙。10%葡萄糖酸钙注射液50~100毫升，静脉注射；或5%氯化钙注射液40~60毫升、10%葡萄糖注射液120~140毫升、10%安纳咖注射液5毫升，混合后1次静脉注射。

②乳房送风。用打气筒将空气送入乳房使乳腺受压，引起泌乳减少或暂停，使得血钙不再流失。一般送风1次即有效果。必要时再重复进行1次。

③其他措施。补钙后，多数母羊伴有低磷血症，所以要及时进行补磷，可采用20%磷酸二氢钠溶液50~100毫升，1次静脉注射。当大量补钙后，血液中胰岛素的含量会进一步提升而引起血糖降低，因此在补钙的同时还要适当补糖。

在治疗过程中还要经常翻转母羊躯体，防止倒地皮肤发炎溃烂。经3~5天治疗无效的母羊预后不良。

九、羊其他疾病诊治

（一）羊巴贝斯虫病

羊巴贝斯虫病是巴贝斯虫寄生于绵羊和山羊红细胞内而引起的蜱传性血液原虫病。临床上以发热、黄疸、溶血性贫血、血红蛋白尿、消瘦和死亡为特征。

1. 病原

本病病原为巴贝斯科巴贝斯属的多种原虫。目前会感染羊的巴贝斯虫有5种，即莫氏巴贝斯虫（图9-1）、绵羊巴贝斯虫、粗糙巴贝斯虫、泰氏巴贝斯虫和叶状巴贝斯虫等。病原的形态呈多样性，主要有双梨子形、单梨子形、三叶草形、椭圆形、圆形等。

2. 流行特点

本病分布广泛，多发生于热带、亚热带地区，常呈地方性流行。本病

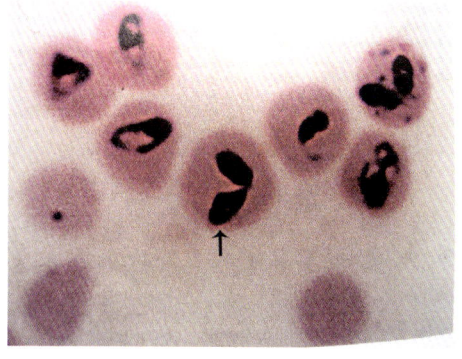

图9-1 莫氏巴贝斯虫虫体形态（引自李祥瑞）

的发生和流行与传播媒介蜱的消长、活动密切相关，具有明显的地区性和季节性。不同年龄和品种的羊易感性存在差异。羔羊发病率高，但症状轻微，死亡率低；成年羊发病率低，但症状明显，死亡率高。疫区羊有带虫免疫现象，发病率相对较低。

巴贝斯虫病的发生需传播硬蜱和家畜宿主共同参与。巴贝斯虫是一种永久性寄生虫，不能离开宿主而独立生存于自然界。如莫氏巴贝斯虫病多发生于每年的4~6月和9~10月，其传播蜱种类有青海血蜱、刻点血蜱、微小牛蜱、阿坝革蜱、森林革蜱、囊形扇头蜱和蓖子硬蜱等；绵羊巴贝斯虫病从每年的5~6月开始，6月中旬和7月中旬为发病高峰期，8月以后很少发生，其传播蜱种类有囊形扇头蜱、

耳部血蜱和硬蜱属的成虫。

3. 临床症状

病羊在临床上表现为高热稽留、溶血性贫血、黄疸、血红蛋白尿和虚弱、死亡等症状。此外，还有精神沉郁、食欲减退、呼吸困难、轻度腹泻、反刍迟缓或停止、迅速消瘦、可视黏膜苍白并逐渐发展为黄染（图9-2）、乳羊泌乳减少、怀孕母羊流产等症状。不同种类巴贝斯虫导致的症状还有一些细微差异。

4. 病理变化

剖检病死羊可见可视黏膜和皮下组织、全身各器官浆膜、黏膜苍白、黄染，并有点状出血。血液稀薄，凝固不良，严重者如水样。肝脏肿大呈灰黄色。胆囊肿大2~4倍，充满胆汁。脾脏肿大明显。心脏肿大，心内、外膜及浆膜、黏膜出现不同程度出血点。肾脏充血、肿大。膀胱扩张，充满暗红色尿液（图9-3）。皱胃及大肠、小肠黏膜充血，有时有出血点。

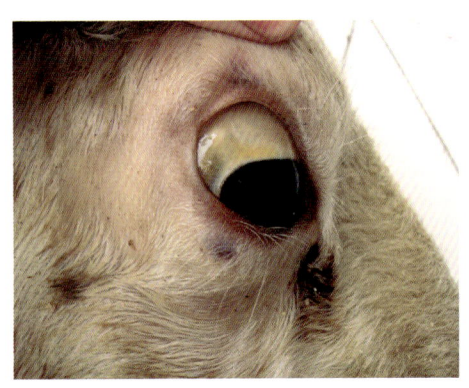

图9-2 羊巴贝斯虫病症状（眼可视黏膜黄染）

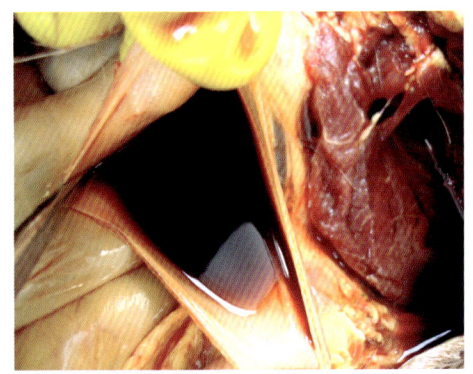

图9-3 羊巴贝斯虫病病理变化（膀胱充满红色尿液）

5. 诊断

根据流行病学、临床症状、病理变化可做出初步诊断。实验室诊断方法包括血液涂片染色镜检、脑涂片染色镜检、间接荧光抗体试验、酶联免疫吸附试验、聚合酶链反应试验等，其中血液涂片染色镜检最常用。

6. 防治

羊巴贝斯虫病为蜱传性疾病，预防性灭蜱仍是目前预防蜱媒疾病的唯一措施。灭蜱应遵循有效、简便、经济的原则。在蜱类活动季节，可选用溴氰菊酯、二氯苯醚菊酯乳油、辛硫磷、马拉硫磷、双甲脒等，喷淋或药浴，以杀灭羊体上的蜱。此外，对羊舍和运动场地面、墙壁及圈舍周围环境也要喷洒。间隔15天使用1次。

发现病羊，除加强饲养管理和对症治疗外，还要及时选用下列药物治疗：三氮脒（按每千克体重3~5毫克，配成5%水溶液肌内注射，1~2天1次，连用2~3次）、硫酸喹啉脲（按每千克体重0.6~1毫克，配成5%水溶液，分2~3次间隔数小时皮下或肌内注射，连用2~3天）、咪唑苯脲（按每千克体重1~2毫克，配成10%水溶液，皮下注射或肌内注射，每天1次，连用2~3天）；盐酸吖啶黄（按每千克体重3毫克，配成0.5%~1%水溶液，静脉注射，每天1次，连用2~3天）。

（二）羊泰勒虫病

羊泰勒虫病是泰勒虫寄生于绵羊和山羊巨噬细胞、淋巴细胞和红细胞内引起的蜱源性血液原虫病。临床上以高热稽留、黄疸、贫血、消瘦、体表淋巴结肿大为主要特征。

1. 病原

本病病原为泰勒科泰勒属的各种原虫。到目前为止，国内外已报道的羊泰勒虫至少有6种，即莱氏泰勒虫、绵羊泰勒虫、隐藏泰勒虫、分离泰勒虫、吕氏泰勒虫（图9-4）和尤氏泰勒虫。病原形态多样，包括环形、逗点状、三叶草形、杆状、双逗点形、囊圆形和不规则形等。姬姆萨染色后，虫体的原生质呈淡蓝色或着色不明显，染色质为紫红色，呈点状或半月状居于虫体一侧边缘。

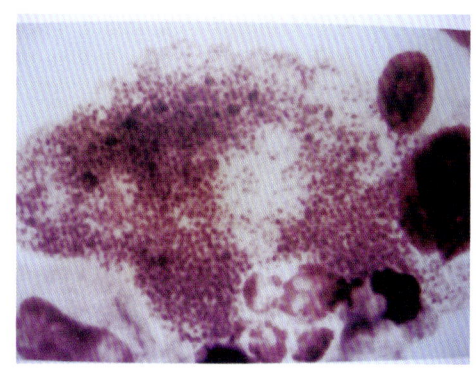

图9-4 吕氏泰勒虫虫体形态（引自李祥瑞）

2. 流行特点

本病主要分布于热带、亚热带和温带地区，呈地方性流行。绵羊和山羊均易感，无品种差异，但从外地引进的羊只易感性更高。发病季节主要在每年的3~5月，少数在9~10月。不同年龄段的羊发病率有所不同：1~6月龄的羔羊发病率高，病死率也高；1~2岁的羊次之；2岁以上的羊多为带虫者，很少发病。

3. 临床症状

病羊体温升高达40~42℃，多呈稽留型热，一般持续4~7天，也有间歇热者；食欲减退甚至废绝；体表淋巴结肿大，尤其是肩前淋巴结显著肿大；呼吸困难，脉搏加快，心律不齐；严重贫血，可视黏膜苍白但黄疸不明显；尿液一般无变化，个别羊尿液混浊或呈红色；反刍及胃肠蠕动音减弱，初期便秘，后期腹泻，粪便呈酱油状，有的病羊粪便混有血样黏液；妊娠母羊流产。病程6~12天，急性病例1~2天内死亡。病原中，以莱氏泰勒虫的致病力强，致死率高，成年羊的死亡率可达50%~100%；绵羊泰勒虫的致病力弱，一般呈良性经过，死亡率很低。

4. 病理变化

病死羊尸体消瘦，贫血，血液稀薄，凝固不良，呈淡褐色。全身淋巴结不同程度肿胀，尤以肠系膜淋巴结、肩前淋巴结和肺门淋巴结更为明显。心内外膜有出血点，心冠状沟黄染，心肌苍白、松软，心包液增多。

5. 诊断

根据流行病学、临床症状、病理变化可做出初步诊断。实验室诊断方法包括血液涂片染色镜检、淋巴结穿刺涂片染色镜检、间接荧光抗体试验、酶联免疫吸附试验、聚合酶链反应试验等。

6. 防治

在硬蜱活动季节定期采用杀虫药喷洒羊体及圈舍、运动场。对发病羊要及时采用三氮脒（按每千克体重3~5毫克，分点深部肌内注射，每天1次，连用2~3天）进行治疗。当病羊有发热、消瘦等症状时，可采用30%安乃近注射液或氨基比林注射液退热，并加强饲养和护理，给病羊只多喂青绿多汁、易消化的饲料。

（三）羊附红细胞体病

羊附红细胞病是由附红细胞体引起的一种羊传染病，为人畜共患病。在临床上以贫血黄疸和发热为特征。

1. 病原

本病病原嗜血支原体有多种形态（环形、星形、半月形、杆形、球形等），大小为（1.0~2.5）微米 ×（0.8~1.0）微米。附在红细胞上，并以1个或2个排列，也有游离于血浆中。革兰阴性，姬姆萨染色为淡红色或淡紫色。

2. 流行特点

多种动物和人均可感染本病，但是每种动物有其相应宿主特异性。一年四季均可发生，以夏秋季节多发。本病的发生与环境中存在某些传播媒介（如蚊子、苍蝇、羊虱、牛蜱等）有关，也与饲养环境的不良应激有关。

3. 临床症状

病羊表现发热，精神委顿，食欲不振，可视黏膜黄染（图9-5），拉血尿。此外，一些病例还有心跳、呼吸加快及流产等症状。严重时可导致病羊死亡。

4. 病理病化

病羊血液稀薄，凝固不良。肝脏和脾脏肿大黄染（图9-6），有的在肝脏表面还有坏死灶，其他内脏器官也有不同程度的黄染病变。

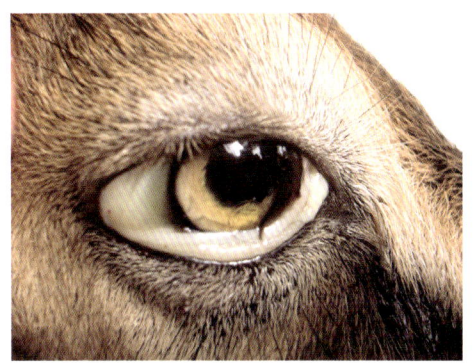

图9-5 羊附红细胞症状（眼结膜黄染）

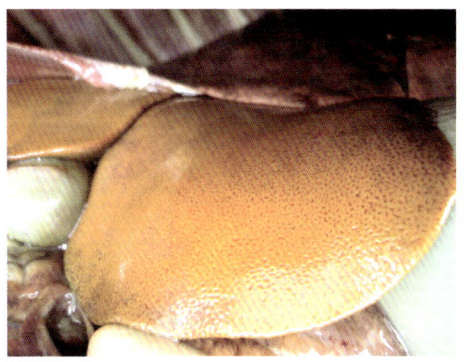

图9-6 羊附红细胞病理变化（肝脏肿大黄染）

5. 诊断

根据临床症状、病变可做出初步诊断。采血滴加生理盐水直接镜检，或采血涂片染色后镜检在红细胞表面见到一些星形或点状的黑色颗粒即可诊断（图9-7）。有时在血浆中也可见游离的附红细胞体。必要时采用聚合酶链反应试验进行确诊。

6. 防治

平时及时驱杀昆虫传染媒介，加强羊群的饲养管理，减少各种应激因

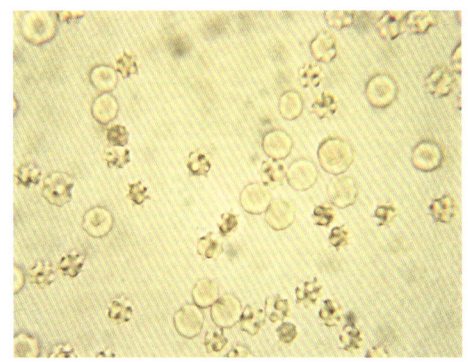

图9-7 红细胞表面有星形或点状颗粒

素。发病时可选用三氮脒，按每千克体重3.5~4毫克进行肌内注射，每天1次，连用2~3天。也可选用盐酸四环素或盐酸土霉素进行肌内注射，均有一定治疗效果。此外，在治疗过程中，还需配合使用退热、止血、助消化药物，以及提高造血机能、增加机体抵抗力的药物（如维生素B_1、维生素B_{12}等）。

(四)羊蕨类中毒

羊蕨类中毒是放牧羊在野外采食到蕨类叶子或嫩芽引起的一种急性或慢性中毒性疾病。

1. 病因

蕨类植物的叶子中含有能致骨髓损伤和膀胱肿瘤的物质,短期内采食大量蕨叶可引起急性中毒,其特征是病羊出现再生障碍性贫血和全身广泛性出血;如长时间连续少量采食到蕨叶,则引起慢性中毒。最常引起中毒的蕨类植物为毛叶蕨和欧洲蕨。本病常发生于有蕨类植物生长的地方。急性中毒多发生于春季,此时蕨类嫩芽多,慢性中毒无明显季节性。主要侵害牛和绵羊,山羊偶尔发生。

2. 临床症状

病羊初期表现精神沉郁、食欲减退、步态不稳,随后出现高热、流涎、拒食、便秘或腹泻、腹痛、粪便暗红色、可视黏膜出血、贫血、黄染、尿液暗红色(图9-8)等症状。孕羊因努责而引起流产。慢性中毒的病羊表现为间歇性血尿,伴有尿频、尿急、排尿困难等症状。

图9-8 羊蕨类中毒症状(尿液暗红色)

3. 病理变化

急性中毒死亡的病死羊全身皮肤、黏膜及浆膜广泛出血,肾脏等实质器官变性、出血(图9-9),体腔有粉红色液体,长骨的骨髓变为黄色,呈胶冻样。剖检可见膀胱内尿液为暗红色,膀胱黏膜充血、水肿,甚至出血点或出血斑(图9-10)。

 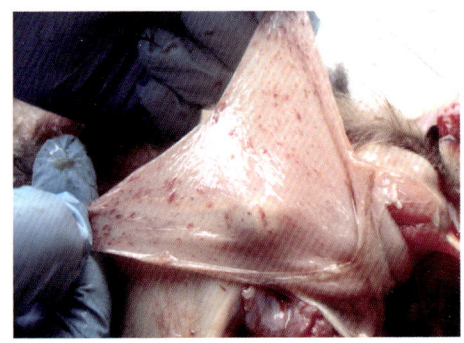

图9-9 羊蕨类中毒病理变化(肾脏出血)　　图9-10 羊蕨类中毒病理变化(膀胱黏膜出血)

有的病例可见膀胱有肿瘤生长。

4. 诊断

根据发病史、临床症状和病理变化可做出初步诊断。

5. 防治

要加强放牧的饲养管理，春季应避免在蕨类植物生长旺盛的草场放牧。为控制蕨的生长和蔓延，可人工挖除或用化学除草剂除蕨。

本病目前尚无特效疗法，可试用下列方法治疗：

①输液、输血。每次输入健康羊全血500毫升或富含血小板的血浆500毫升，每周1次，连用4~5次。

②肝素拮抗剂。1%硫酸鱼精蛋白注射液10毫升，缓慢静脉注射。

③用维生素制剂（如维生素B_{12}）、营养剂、止血剂（如酚磺乙胺）、强心利尿剂等配合治疗。

附　录

羊常用药物及其使用方法

药物名称	应用范围	剂量	用法	备注
青霉素钾	用于革兰阳性菌、放线菌及螺旋体感染	每千克体重1万~1.5万单位	肌内注射	休药期0日
氨苄青霉素	用于革兰阳性菌和阴性菌感染	每千克体重20~40毫克	肌内注射或静脉注射	休药期6日
阿莫西林钠	用于革兰阳性菌和阴性菌感染	每千克体重10~15毫克	肌内注射	休药期14日
硫酸链霉素	用于革兰阴性菌感染	每千克体重10~15毫克	肌内注射	休药期18日
硫酸卡那霉素	用于革兰阴性菌感染	每千克体重10~15毫克	肌内注射	休药期28日
硫酸庆大霉素	用于革兰阳性菌和阴性菌感染	每千克体重5~10毫克	肌内注射，羔羊可内服	休药期40日
盐酸土霉素	广谱抗生素	每千克体重5~25毫克	肌内注射，羔羊可内服	休药期28日
盐酸多西环素	广谱抗生素	每千克体重3~5毫克	肌内注射，羔羊可内服	休药期28日
乳糖酸红霉素	用于革兰阳性菌感染	每千克体重3~5毫克	静脉注射	休药期3日

续表

药物名称	应用范围	剂量	用法	备注
环丙沙星	用于革兰阳性菌和阴性菌感染	每千克体重10~15毫克	羔羊内服、肌内注射	休药期14日
恩诺沙星	用于革兰阳性菌和阴性菌感染	每千克体重2.5~5毫克	肌内注射	休药期14日
氟苯尼考	广谱抗生素	每千克体重20~30毫克	肌内注射	休药期28日
磺胺嘧啶钠	抗菌及抗球虫药	首次每千克体重50~100毫克，维持量减半	肌内注射、静脉注射、内服	休药期18日
磺胺对甲氧嘧啶钠	抗菌及抗球虫药	首次每千克体重50~100毫克，维持量减半	肌内注射、静脉注射、内服	休药期28日
磺胺间甲氧嘧啶钠	抗菌及抗球虫药	首次每千克体重50~100毫克，维持量减半	肌内注射、静脉注射、内服	休药期28日
磺胺脒	用于肠道感染	每千克体重100毫克	内服	休药期28日
黄芪多糖注射液	用于病毒性疾病治疗	每千克体重10~20毫克	肌内注射	
阿苯达唑	广谱驱虫药，对线虫、绦虫、肝片吸虫均有一定效果	每千克体重10~15毫克，治疗肝片吸虫时剂量每千克体重30~40毫克	内服	休药期4日
左旋咪唑	广谱、高效、低毒驱虫药，对各种线虫均有极佳效果	每千克体重7.5毫克	内服	休药期28日

续表

药物名称	应用范围	剂量	用法	备注
氯氰碘柳胺钠	广谱驱虫药，对吸虫、线虫及节肢动物幼虫均有效	每千克体重5~10毫克	内服	休药期28日
		每千克体重5毫克	皮下注射	
氯硝柳胺（灭绦灵）	驱绦虫药	每千克体重60~70毫克	内服	休药期28日
碘醚柳胺	驱吸虫药	每千克体重7~12毫克	内服	休药期60日
三氯苯达唑（肝蛭净）	驱吸虫药	每千克体重10~12毫克	内服	休药期56日
硫双二氯酚	驱绦虫、吸虫药	每千克体重75~100毫克	内服	休药期28日
硝氯酚	驱吸虫药	每千克体重3~4毫克	内服	休药期28日
		每千克体重0.5~1毫克	深部肌内注射	
吡喹酮	驱绦虫药和吸虫药	每千克体重10~36毫克，治疗阔盘吸虫剂量每千克体重70毫克	内服	休药期28日
三氮脒（贝尼尔）	抗梨形虫及附红细胞体药	每千克体重3~5毫克	肌内注射	休药期28日
盐酸吖啶黄（黄色素）	抗梨形虫及附红细胞体药	每千克体重3毫克	静脉注射	休药期28日
莫能霉素（瘤胃素）	抗球虫药	每千克体重1~1.6毫克	内服	休药期5日

续表

药物名称	应用范围	剂量	用法	备注
阿维菌素	广谱驱虫药，对线虫、疥螨、蠕形螨、蜱及其他节肢昆虫效果均好	每千克体重0.2毫克	内服或肌内注射	休药期35日
伊维菌素	广谱驱虫药，对线虫、疥螨、蠕形螨、蜱及其他节肢昆虫效果均好	每千克体重0.2毫克	内服或肌内注射	休药期35日
溴氰菊酯	广谱杀虫药	每升水5~15毫克	药浴	休药期28日
氰戊菊酯	广谱杀虫药	每升水80~200毫克	药浴	休药期28日
二嗪农（螨净）	广谱杀虫药	每升水250~750毫克	药浴	休药期14日
辛硫磷浇泼溶液	广谱杀虫药	每千克体重30毫克	外用	休药期28日
精制敌百虫	广谱杀虫药	每千克体重50~70毫克	内服	休药期28日
		配成2%水溶液	外用	
10%安乃近注射液	解热镇痛药	一次量1000~2000毫克	肌内注射	休药期28日
复方氨基比林注射液	解热镇痛药	一次量5~10毫升	肌内注射	休药期28日
安痛定注射液	解热镇痛药	一次量5~10毫升	肌内注射	休药期28日
肾上腺素	抗过敏、解毒	一次量0.2~1毫升	肌内注射	
地塞米松	抗过敏、解毒	一日量4~12毫克	肌内注射	休药期21日

续表

药物名称	应用范围	剂量	用法	备注
硫酸阿托品	解毒	每千克体重0.5~1毫克	肌内、皮下注射	
甲硫酸新斯的明	瘤胃兴奋剂	一次量2~5毫克	肌内、皮下注射	慎用，不能超量使用
酚磺乙胺（止血敏）	止血药	一次量0.25~0.5毫克	肌内、皮下注射	
维生素B_1	健胃补体药	一次量25~50毫克	肌内、皮下注射	
维生素B_{12}	贫血和促生长	一次量0.3~0.4毫克	肌内、皮下注射	
维生素C	抗坏血症	一次量5~15毫克	肌内、皮下注射	

参考文献

［1］张克山，高娃，菅复春.羊常见疾病诊断图谱与防治技术［M］.北京：中国农业科学技术出版社，2013.

［2］谢喜平，江斌.山羊健康养殖新技术［M］.福州：福建科学技术出版社，2010.

［3］陈怀涛，贾宁.羊病诊疗原色图谱［M］.北京：中国农业出版社，2015.

［4］江斌，吴胜会，林琳，等.畜禽寄生虫病诊治图谱［M］.福州：福建科学技术出版社，2012.

［5］黄兵，沈杰.中国畜禽寄生虫形态分类图谱［M］.北京：中国农业科学技术出版社，2006.

［6］王凤英，晋爱兰.羊病防治问答［M］.北京：化学工业出版社，2008.

［7］曾振灵.兽药手册［M］.北京：化学工业出版社，2012.

［8］中国农业科学院兽医研究所.动物传染病学［M］.北京：中国农业大学出版社，1998.

［9］田树军，王宗仪，胡万川.养羊与羊病防治［M］.北京：中国农业大学出版社，2004.

［10］武瑞，孙东波.羊病科学防治7日通［M］.北京：中国农业出版社，2011.

［11］林曦，郝先谱，赵振华，等.山羊鼻内腺瘤和腺癌的病理学研究［J］.畜牧兽医学报，1995，26（5）：456-461.

［12］李祥瑞.动物寄生虫彩色图谱［M］.北京：中国农业出版社，2011.

［13］黄兵.中国家畜家禽寄生虫目录［M］.北京：中国农业科学技术出版社，2014.

［14］江斌，林琳，吴胜会，等.羊病速诊快治［M］.福州：福建科学技术出版社，2016.